Los Trajes del Gobernador

Los Trajes del Gobernador

Una Perspectiva Psiquiátrica de Puerto Rico

Dr. Guillermo González

To order additional copies of this book, contact:
Xlibris Corporation
1-888-795-4274
www.Xlibris.com
Orders@Xlibris.com
37907

Contenido

Prefacio 9

Introducción..11

Capítulo Uno: El Desorden De Personalidad Colonizada; Definición........15

Capítulo Dos: De la Personalidad Colonizada surge una nueva clase
                     social en Puerto Rico: los Políticos Colonizados...............22

Capítulo Tres: La Personalidad Colonizada.......................................33

Capítulo Cuatro: Más Allá de la Personalidad del Colonizado...................52

Capítulo Cinco: Predicciones 61

Dedicatoria

Le dedico este escrito a mi compañera Sophia Sotis. Quien en interacción con ella la expresión y formulación de mis ideas se convirtieron en letra escrita. Sus destrezas en los idiomas griego, español e inglés me han sido de gran ayuda. Sin ti hubiese estado otros treinta y siete años para escribir este libro.

PREFACIO

CONSIDERO ESTE LIBRO una respuesta tardía. Hace cerca de 37 años me confronté con el problema de describir la personalidad del puertorriqueño. En ese momento me pareció ser un reto el cual motivó múltiples estudios e interacciones. Aún después de tantas experiencias me sentía corto de instrumentos para poder contestar esta pregunta. No es lo mismo describir la personalidad del individuo que hablar del grupo social. No es fácil usar variables que describan las interacciones del individuo con su medio ambiente físico y social. Más difícil es hablar de cómo la historia interactúa con el individuo. No tan sólo la historia de Puerto Rico sino también la historia de la humanidad. En ausencia de un claro consenso en el campo de la psicología he decidido muy subjetivamente escoger y utilizar algunos conceptos que son resultado de mis experiencias personales y profesionales.

Para muchos estos conceptos serían vistos como novedosos, para otros quizás absurdos e incorrectos. Me he atrevido proponer que el concepto del inconsciente es una realidad con sustrato biológico identificable. Tanto el inconsciente individual como colectivo, para mi residen en nuestros códigos genéticos. Mejor conocidos como DNA y RNA.

Las dimensiones para evaluar la personalidad del puertorriqueño también fueron seleccionadas de manera muy subjetiva. Algunas de estas dimensiones son producto de mis experiencias clínicas en la práctica de la psiquiatría.

Mis prejuicios que me han permitido contestar la vieja pregunta en mi mente sobre la descripción de la personalidad del puertorriqueño los quiero definir en antelación del contenido de este libro. Es para mi necesario hablar de las siguientes variables al describir cualquier grupo social:

1. Conciencia individual de la realidad socio-económica presente e histórica del país; contacto con la realidad
2. Madurez emocional del individuo
3. Estilo de procesamiento de información del cerebro
4. Visión filosófica de la vida
5. Contacto y actitud hacia el cuerpo y procesos físicos
6. Vivencias relativas a las coordenadas de tiempo y espacio
7. Actitud ante la propiedad privada
8. Estilo de liderato en la solución de problemas sociales
9. Visión de mundo
10. Claro entendimiento del valor, utilidad y dinamismo del lenguaje

Acepto que pudiera utilizar más y quizás mejores variables para contestar tan atrevida pregunta pero no voy a dilatar más este proceso.

INTRODUCCIÓN

NACÍ Y ME CRIÉ en San Juan, Puerto Rico. Soy médico de profesión; especializado en psiquiatría, la profesión que he practicado desde 1973. Estudié en el sistema educativo público en Puerto Rico. Continué ininterrumpidamente mis estudios universitarios en la Universidad de Puerto Rico en el recinto de Río Piedras. Mis estudios de medicina y mi residencia en psiquiatría las hice también en la Universidad de Puerto Rico, en el recinto de Ciencias Médicas. Parte de mis estudios los cursé en la ciudad de Nueva York, en la Universidad del Estado de Nueva York en su recinto médico en Brooklyn. En 1992 me trasladé al estado de Massachussets.

Este vaivén desde Puerto Rico hacia los Estados Unidos de América es muy típico de muchos puertorriqueños. En la actualidad el número de puertorriqueños viviendo en la Isla es semejante al número de puertorriqueños viviendo fuera. Mi familia comenzó este proceso migratorio hacia los Estados Unidos en la década de los treinta. Estas salidas de mi tierra de origen, al igual que a muchos otros, me han ofrecido nuevas perspectivas y conceptualizaciones sobre Puerto Rico. En este libro me propongo compartir mis experiencias e ideas durante este proceso. Mucho se ha escrito sobre Puerto Rico desde diferentes perspectivas.

Lo que será distinto de los demás es que les presentaré las ideas y experiencias de un psiquiatra durante este proceso. La práctica de la psiquiatría en ambos países me ha dado la oportunidad de comparar y reconsiderar las conceptualizaciones previas sobre temas relacionados a rasgos de la personalidad encontrados en nosotros los puertorriqueños.

Es característico de los médicos el estudio de los estados patológicos, mejor conocidos como enfermedades. Mediante la observación buscamos primero definir estos estados. Luego tratamos de identificar sus causas para así poder tratarlas y curarlas si es posible tal cosa. Este modelo médico es el que guiará mi travesía en este libro. Debo de reconocer que sólo en los recientes años la psiquiatría ha adoptado este modelo versus el modelo previamente prevaleciente, que era el psicoanalítico. Dentro de estas especificaciones y limitaciones es que me propongo ofrecerles a ustedes mis hallazgos.

En los Estados Unidos al igual que en Puerto Rico nosotros los psiquiatras usamos el Manual de Clasificaciones Diagnósticas Estadísticas creado por la Asociación Psiquíatrica Americana, mejor conocido como el DSM-IV. En este manual se hace una lista de las distintas enfermedades mentales incluyendo a los llamados desórdenes de personalidad. De estos últimos haremos frecuentes referencias en este libro. Para ser incluidos en el manual, los síndromes deben estar asociados y causar incapacidades tanto en las relaciones interpersonales como en el funcionamiento laboral.

Durante mis largos años de práctica, he realizado miles de entrevistas y evaluaciones psiquiatricas en puertorriqueños viviendo en Puerto Rico y también en los Estados Unidos. Específicamente en cuanto se refiere a los desórdenes de personalidad, he observado la presencia en los puertorriqueños de un síndrome único y distinto a los descritos en el DSM-IV. De esto se trata este libro. Me he tornado la iniciativa de llamarlo *Desorden de Personalidad del Colonizado*. En el transcurso de este escrito describiré sus características fundamentales, posibles causas, y posibles alternativas para su tratamiento.

Aunque no está incluido en el DSM-IV, considero que si en algún momento los psiquiatras puertorriqueños deciden escribir su propio manual diagnóstico, el siguiente desorden de personalidad deberá ser considerado para incluirse. Las circunstancias históricas únicas que hemos experimentado los puertorriqueños justificarán su inclusión.

Este síndrome psiquiátrico representa un extremo patológico del comportamiento humano que la práctica de mi profesión me ha expuesto. Mi punto de partida es largos años de práctica donde la evaluación de incapacidades ha sido un por ciento significativo de mi quehacer clínico.

Para mejor entender estas condiciones utilizo el manual DSM-IV. Sin embargo, lo que he encontrado en los puertorriqueños es difícil de describir dentro de las categorías incluidas en este manual. Es semejante a diferentes tipos de diagnósticos como, por ejemplo, el desorden de personalidad dependiente y el desorden de personalidad evasiva (avoidant), pero no exactamente igual.

Interesante es también el hallazgo de observar consistentemente estos rasgos de personalidad en puertorriqueños que no son pacientes mentales. Estas observaciones me han llevado a inferir que, adicional a constituirse como un síndrome psiquiátrico en sí, pudieran también ser rasgos de la personalidad en muchos puertorriqueños.

De estas observaciones, primero en pacientes psiquiátricos y, luego en no pacientes, me he preguntado si lo que he observado en otros tiene alguna relevancia con mi propio ser. Este auto – análisis ha sido muy revelador y muchos de estos rasgos los he sentido presentes en mi personalidad en distintas etapas de mi vida y aún en el presente. Por tales razones me he preguntado si estos rasgos específicos pudieran constituir parte de nuestro inconsciente colectivo. Me inclino a pensar que es así, y es esa la mayor motivación para escribir este libro. Deseo compartir estos hallazgos de manera que otros tengan la oportunidad de corroborar o descartar esta posibilidad.

Este largo proceso de análisis de mis observaciones me ha llevado a conceptualizar que esto que ha partido de la situación clínica pudiera ser parte de las tareas psicológicas en todos los puertorriqueños. En el comienzo del libro describiré estos rasgos recreando cómo comencé el proceso de análisis. Eventualmente presentaré mi conceptualización de que todos y cada uno de estos rasgos son polos en conflicto psicológico dentro del inconsciente colectivo de los puertorriqueños. Entendiendo que cada rasgo presenta un opuesto de comportamiento que constituye un conflicto mental y describe parte del quehacer mental al cual todos nos enfrentamos en momentos diferentes de nuestras vidas.

La descripción de mis hallazgos en esta manera pudiera facilitar el estudio específico de la personalidad del puertorriqueño. Pudiera ser una guía que incite al diálogo y a la conversación dirigida a mejor entendernos como personas; productos de una realidad histórica única en este mundo presente.

CAPÍTULO UNO

El Desorden de Personalidad Colonizada: Definición

C OMENZAREMOS CON LA definición de lo que es el *Desorden de Personalidad Colonizada*. Las siguientes características son fundamentales para definir lo que es la personalidad colonizada. La personalidad colonizada y/o los rasgos de personalidad colonizada se pueden encontrar en individuos sin esto constituir un desorden psiquiátrico en sí. Se constituye en un desorden psiquiátrico cuando, además de la presencia de la personalidad colonizada, ésta es causante de severa disfunción social y/o laboral.

Para poder hacer el diagnóstico del *Desorden de la Personalidad Colonizada,* todos y cada uno de los siguientes criterios tendrán que estar presentes en el individuo y estar asociados a incapacidad severa tanto laboral como social. Aunque la personalidad colonizada no constituye un desorden en sí, en mi opinión es un hallazgo único que caracteriza el desarrollo del puertorriqueño a través de los quinientos trece años de colonización a la cual ha sido sometido Puerto Rico. Esta experiencia única en el mundo ha dejado huellas evidentes en nuestras personalidades.

La personalidad de cada individuo es la resultante de la interacción de la biología (nuestro código genético, DNA) y el medio ambiente (nuestras experiencias). Las experiencias ocurren a distintos niveles: el nivel individual, el nivel social, y el devenir histórico cultural. Es mediante estas interacciones a través del tiempo que los rasgos de personalidad se forman. Un rasgo de personalidad es una predisposición a actuar de determinada manera específica. Las experiencias de nosotros los puertorriqueños han sido únicas y distintas a la sociedad norteamericana.

No es lo mismo crecer y desarrollarse en la metrópolis versus crecer y desarrollarse en la colonia más antigua del mundo.

Experiencias en la colonia son muy diferentes a las de la metrópolis. Estas diferencias son indispensables para entender los rasgos de personalidad que se puedan desarrollar. La definición de esta personalidad la haremos en consideración de estas diferencias históricas. Las adversidades y contratiempos que hemos experimentado los puertorriqueños durante nuestro devenir histórico son muy diferentes a las experimentadas por los norteamericanos.

Definitivamente existen múltiples semejanzas y, a la vez, existen diferencias producto de la situación única en Puerto Rico. Son estas diferencias existenciales las que justifican la presencia de esta personalidad que estamos describiendo aquí.

Continuaremos describiendo los criterios diagnósticos de lo que entiendo es la personalidad colonizada. Estos criterios describen y son los rasgos fundamentales de la personalidad colonizada. Es también una descripción de las tendencias de actuar en estos individuos.

Número Uno

El individuo colonizado presenta como rasgo fundamental de su personalidad una negación de la realidad colonial del territorio de Puerto Rico de los Estados Unidos.

Número Dos

El individuo le tiene miedo a su independencia personal y económica.

Número Tres

Este individuo es dependiente y sumiso hacia la voluntad de los Estados Unidos para Puerto Rico.

Número Cuatro

Se caracteriza el individuo por una ausencia del ideal de autosuficiencia económica.

Número Cinco

Este individuo no reconoce su propio trabajo como la fuente de capital y orgullo en la cual fundamentar su estima propia.

Número Seis

El individuo presenta una actitud de desprecio y falta de un plan estratégico para lograr su autosuficiencia económica.

Número Siete
Este individuo presenta una actitud de envidia y celos hacia la acumulación de capital por otros individuos.

Número Ocho
El individuo se enfrenta a la situación de resolver problemas mediante la creación de conflictos en lugar de resolver problemas promoviendo la creación de consensos estratégicos.

Número Nueve
La visión de mundo en este individuo es una de carácter provincial, carente de una visión global e internacional.

Número Diez
Para este individuo el uso y el aprendizaje del idioma inglés no es parte integral de su educación.

La descripción de este desorden es el punto de partida para discutir el tópico fundamental de este libro. Se refiere a la descripción de rasgos de personalidad desarrollada en los puertorriqueños durante su realidad histórica como la colonia más antigua en el mundo. Esta personalidad se ha desarrollado en el transcurso de los años e incitada por el devenir histórico de nuestra realidad colonial. He comenzado a hablar desde la perspectiva patológica pero rápidamente me moveré a describir mis hallazgos generales. Pretendo sobre la base de estos hallazgos hacer inferencias sobre nuestra personalidad como puertorriqueños. Aunque no estén presentes todos estos rasgos en cada uno de nosotros, considero que en mayores o menores grados todos presentamos alguno de estos en nuestra personalidad.

Más aún, considero que en todos nosotros los puertorriqueños existe o ha existido una lucha o conflicto contra estos rasgos en alguna etapa de nuestras vidas. Es mi opinión como profesional en el comportamiento humano, que estos rasgos de personalidad son resultados de nuestra historia. Más aún, en el presente son causa de la permanencia de la situación colonial y territorial de los puertorriqueños hacia los Estados Unidos. El origen de estos rasgos de personalidad comenzó desde nuestra realidad colonial hacia España y ha continuado su desarrollo en respuesta hacia nuestra realidad territorial de los Estados Unidos.

Somos y hemos sido colonia por tantos años, porque nosotros y nuestras personalidades contribuimos a la perpetuación de nuestra realidad política. Tenemos responsabilidad directa sobre esta relación colonial. Una personalidad se define como la tendencia a actuar de determinada manera. La continuación de nuestra realidad política se fundamenta en nuestro ser. Somos y hemos sido colonia primero de España y luego de los Estados Unidos porque actuamos como colonizados.

La personalidad colonizada en nosotros nos inclina a actuar y a perpetuar el *status* colonial. Nosotros los puertorriqueños entorpecemos e impedimos el proceso de auto-determinación política con nuestras actitudes y comportamientos. Nos comportamos como colonizados. La responsabilidad de nuestra situación recae en nosotros principalmente. Habremos de auto-analizarnos y discutir cómo es que contribuimos cada uno mediante nuestros comportamientos a perpetuar esta situación.

La presencia de rasgos de la personalidad colonizada en cada uno de nosotros es una realidad que debemos aceptar y entender. Es necesario adoptar la perspectiva individual de personalidad para lograr cambios como pueblo. El devenir histórico crea consecuencias en el individuo y estas operan en muchas ocasiones en el ámbito inconsciente. Este proceso es descrito como el inconsciente colectivo.

Mis observaciones sobre el comportamiento de nosotros los puertorriqueños me hacen concluir que la presencia de la personalidad colonizada no distingue líneas partidistas. Tampoco distingue líneas generacionales, clases sociales, ni niveles educativos. La ausencia de una conciencia clara en nosotros nos hace cómplices silenciosos de la permanencia colonial como pueblo.

En la literatura sobre Puerto Rico que he podido estudiar, brilla por su ausencia el análisis de las consecuencias psicológicas que en nosotros ha tenido este largo proceso histórico de coloniaje. Esta historia ha dejado marcas profundas en nuestra psicología. Este análisis individual es necesario e indispensable para poder lograr algún cambio social. El entendimiento de la personalidad colonizada nos facilitará el cambio; primero nuestra personalidad y, eventualmente, el cambio del *status* del país. La definición de nuestras personalidades nos habilitará hacia el cambio colectivo.

Contrario a la mayoría de otros países del mundo, nosotros los puertorriqueños nos describimos a nosotros mismos no en base de características de personalidad, sino que nos describimos basándonos en nuestra afiliación política. La preferencia por el *status* político deseado parece ser la psicología popular. Basta saber si uno es popular, estadista o independentista para llegar a juicios sobre la persona. Esta definición del ser de esta manera me recuerda el carimbo.

Los partidos políticos también han sustituido la definición del ser individual por la actitud hacia el país colonizador en turno. En el presente, nosotros los puertorriqueños somos populares, estadistas, o independentistas. No somos personalidades con atributos psicológicos específicos producto del desarrollo histórico y personal, sino que somos individuos caracterizados a base de la actitud que tomamos hacia el país o la metrópolis invasora del momento.

Somos en pro o en contra de los españoles o de los americanos. La realidad es que somos personalidades colonizadas en conflicto con nuestros deseos de desarrollo individual e independiente. Sumisión ante la autoridad y la impotencia ante el cambio caracterizan nuestra personalidad. Estos rasgos son producto de nuestra realidad histórica y la actitud ante la potencia externa.

Nuestras personalidades siempre han evolucionado durante estos quinientos años teniendo la presencia de un poder externo; primero España y luego los Estados

Unidos de América. El control de nuestro futuro y comportamiento social nunca ha residido en nosotros, ubicándose perennemente en el poder externo de la metrópolis. Nuestras personalidades presentan una dependencia al control externo. En términos psicológicos, el foco de control de nuestra conducta es externo. Somos, desde el punto de vista psicológico, dependientes del contexto. El control externo de la metrópolis ha matizado e influenciado el desarrollo de nuestra psicología individual y colectiva. Quinientos años de colonialismo nos han acondicionado a sentir el control de nuestro comportamiento fuera de nuestro ser.

No nos vemos ni sentimos como autores de nuestro futuro, sino que nos vemos en función al poder externo, o sea la metrópolis. Nos consideramos buenos si la corte española nos acepta o no. Somos buenos o malos según la actitud que asumamos hacia los Estados Unidos. El eje central sobre la cual evaluamos nuestros comportamientos es la actitud ante la metrópolis invasora. La definición del ser es externa.

El foco de control no es el criterio propio. Nos preguntamos cuánto realmente nos quieren los norteamericanos o cuánto nos odian los norteamericanos. Somos buenos o malos y los demás son buenos o malos sobre la base de la actitud con el invasor de turno. Esta relación con el poder externo domina nuestros comportamientos. La definición del ser propio reside en el poder externo y no en nosotros mismos.

Nuestra estima fluctúa según la actitud que la metrópolis asume hacia nosotros. Esta es la característica fundamental de la personalidad del colonizado: la ausencia de control propio de su futuro. Inconscientemente, y en muchas instancias conscientemente, actuamos solicitando la aprobación de la autoridad externa. El orgullo propio es secundario.

Esta ausencia de control ha creado una definición y marca significativa en nuestra personalidad individual. Sólo será mediante la aceptación de esta realidad individual cuando podremos recobrar el control propio y la formación de un futuro basado en nuestras realidades y lejos de la mentalidad colonial.

La negación del historial colonial es el mecanismo de defensa más primitivo del ser humano. Es comparable a cuando el avestruz mete la cabeza en la tierra para no enfrentarse al peligro inminente.

El estado colonial se establece cuando una nación grande y poderosa impone su presencia en una nación más pequeña y débil mediante el uso de las fuerzas militares. El diez y nueve de noviembre del 1493 el imperio español invadió a Borikén, hogar de los indios Taínos. En el año 1508, Ponce de León estableció el primer asentamiento español permanente en la isla de Puerto Rico. El veinticinco de julio del 1898, las fuerzas armadas de los Estados Unidos de América invadieron a Puerto Rico como parte de la llamada guerra hispano-americana. Puerto Rico pasó a ser botín de guerra para los Estados Unidos de América. Desde entonces pertenecemos legalmente a los Estados Unidos como un territorio no incorporado. Esa es la realidad.

Nuestro futuro colectivo dependerá de la aceptación y deseo planificado hacia el cambio de esta personalidad colonizada. El motor del cambio colectivo reside en cada uno de nosotros individualmente. Es una lucha contra nosotros mismos. Es una lucha contra la tendencia de actuar como colonizados en contraposición de individuos en control de su futuro individual y colectivo. El punto de partida reside en nuestra personalidad, no es el cambio de *status*.

El problema principal de nosotros los puertorriqueños no es el *status*. El *status* político es solo una consecuencia de nuestra personalidad. El problema principal en nosotros los puertorriqueños es la lucha contra la marca que ha dejado el devenir histórico en nuestras personalidades.

Tenemos que dejar de comportarnos como colonizados y sentirnos dueños de nuestro futuro. Tenemos que desarrollar una visión clara y propia de nuestro desarrollo individual y colectivo. Este control de nuestros comportamientos deberá originarse en nosotros en consideración de las realidades externas, no al revés.

Todo esto escrito aquí son mis opiniones; opiniones que se fundamentan en mis experiencias personales y mis treinta y tres años en la práctica de la psiquiatría. Sostengo que en nuestros comportamientos individuales y colectivos prevalecen fuertes rasgos de dependencia en todos los niveles. Estas características psicológicas son prevalecientes en los perfiles de los individuos que han vivido en países que han sufrido del proceso colonial. Los problemas mentales que sufrimos los puertorriqueños tienen raíces profundas en la historia de haber nacido en una colonia. Quinientos años de colonialismo no se pueden olvidar súbitamente.

Cuando el poder político de una nación reside fuera en otra nación, esto crea dificultades psicológicas en los individuos para entender y aceptar que su comportamiento y realidad son responsabilidad propia. La realidad colonial persiste porque consciente o inconscientemente, nos comportamos como obedientes colonizados. Tratar de aparentar que no somos una colonia de los Estados Unidos es una negación de nuestra realidad política.

El miedo al poder invasor, en este caso los Estados Unidos de América, es lo que primariamente incita el mecanismo de defensa. Esa es la ganancia primaria. La dependencia del poder invasor es la ganancia secundaria, psicológicamente hablando. Nosotros los puertorriqueños tenemos que empezar por entender y aceptar esta nuestra realidad. Las dependencias del poder económico de los Estados Unidos producen inicialmente un estado de seguridad. Sin embargo, la continua dependencia crea eventualmente un sentido de inferioridad en el ser humano de sus propias capacidades y habilidades. Entonces el miedo a perder los beneficios que trae el ser colonia de la nación más poderosa del mundo presente arropa la psicología individual. Este miedo y el usufructo de los beneficios económicos fomentan la dependencia y el sentido de impotencia, creando así un círculo vicioso difícil de romper.

Puerto Rico y muchos puertorriqueños carecen de una visión clara para su desarrollo económico encaminado a la autosuficiencia. La dependencia en el ámbito individual, familiar, social, hacia los partidos políticos, hacia el gobierno, y hacia las ayudas federales es el plan implícito para muchos. El desarrollo del ser, y los recursos humanos y naturales dejan de ser prioridad.

La necesidad de trabajar, estudiar y desarrollarse mediante estas actividades se hace secundaria. Como dice la canción, "el trabajo lo hizo Dios como castigo, el trabajo se lo dejo al buey." El valor del individuo, así como el de las naciones, se fundamenta en el desarrollo y buen manejo de sus recursos y capacidades. Esta falta de visión de desarrollo propio caracteriza la personalidad colonizada. También caracterizan estos quinientos trece años de colonización en Borikén.

CAPÍTULO DOS

De la Personalidad Colonizada surge una nueva clase social en Puerto Rico: los Políticos Colonizados

CIENTO OCHO AÑOS de colonización por los Estados Unidos y una sombría perspectiva de resolver este problema en un futuro cercano es difícil de explicar desde la perspectiva psicológica. Sin embargo, si entendemos los rasgos de la mentalidad colonizada, tendremos una mejor perspectiva.

Contrario a la noción preponderante donde el colonizador explota continuamente la colonia, en Puerto Rico ha sido distinto. Somos un territorio no incorporado a los Estados Unidos con ciudadanía norteamericana. Podemos viajar hacia y desde los Estados Unidos libremente, contrario a muchos otros isleños en el Caribe.

El poder colonial se observa en el control político que ejerce el Congreso de los Estados Unidos en los asuntos de Puerto Rico. Todo aquello que se refiera a nuestra relación y asociación con la comunidad internacional está supeditado a la aprobación del Congreso norteamericano. El comercio hacia y desde Puerto Rico está regulado por los Estados Unidos. Se imponen aranceles en todo el intercambio comercial desde y hacia Puerto Rico. El intercambio comercial es de carácter monopolístico, ya que se hace todo a través de los Estados Unidos.

Distinto a los demás ciudadanos norteamericanos, nosotros los puertorriqueños no tenemos voto en el Congreso de los Estados Unidos, y no existe la representación senatorial que los estados mantienen en el Congreso. Tampoco tenemos voto para decidir el Presidente de los Estados Unidos. Los controles de nuestra defensa nacional recaen en las fuerzas armadas de los Estados Unidos.

Este control comercial y de defensa nacional asegura a los Estados Unidos la situación de control territorial. Puerto Rico no cuenta tampoco con una embajada en los Estados Unidos, ni en ningún otro país. No contamos con representación en el ámbito internacional, con excepción del Comité Olímpico Internacional y el concurso de belleza Miss Universo.

Nosotros los puertorriqueños no podemos establecer alianzas diplomáticas o comerciales con otros países sin la aprobación del Congreso de los Estados Unidos. Para los Estados Unidos el comercio con Puerto Rico representa una situación de una población cautiva. Nosotros los puertorriqueños estamos vedados de tratar de abaratar costos mediante libre comercio y competencia en esta economía global. La libre competencia comercial está fuera del alcance de los puertorriqueños y sus gobernantes. Comerciamos fundamentalmente con los Estados Unidos y ellos fijan y establecen los costos. Esta situación monopolística es una gran ventaja para la economía norteamericana.

Puerto Rico ha cedido esta libertad a los Estados Unidos. La economía de los Estados Unidos se encuentra en una fase de globalización que ha resultado en mayores ganancias para las corporaciones que han exportado sus operaciones en países donde los costos son menores. Son muchísimas las compañías norteamericanas que han exportado sus operaciones hacia otras naciones, causando malestar en muchos norteamericanos. Los defensores de estas políticas se defienden invocando el carácter global de la economía presente. También asumen una postura antagónica contra el aislamiento económico de los Estados Unidos.

Aislamiento económico es lo que mejor describe a la economía puertorriqueña. Este aislamiento económico no es por libre selección nuestra. Esta situación ha sido impuesta mediante la fuerza militar y el poder político que Washington ejerce sobre el gobierno de Puerto Rico. La libre empresa y la competencia es la piedra angular de la economía norteamericana. Esta libre empresa y competencia son las características fundamentales en el sistema capitalista. La esencia del capitalismo está prohibida en Puerto Rico; sistema capitalista que los Estados Unidos defienden por todo el mundo excepto en Puerto Rico.

El gobierno de Puerto Rico no puede establecer relaciones comerciales y transportar sus productos utilizando competitivamente otras vías excepto las aprobadas por el Congreso norteamericano. Esta libertad para negociar nuevos tratados de intercambio comercial con el mejor postor es la base y esencia del capitalismo. La economía de una nación se fundamenta en estas libertades; libertades que el territorio de Puerto Rico no disfruta, situación que nos hace la colonia más antigua del mundo moderno.

Nuestra economía es una de dependencia hacia la economía de los Estados Unidos. Se caracteriza la economía de Puerto Rico por dependencia y supeditación al control norteamericano. Nuestro crecimiento y desarrollo económico no se fundamentan en nuestras necesidades y realidades, se fundamentan sobre la base de las realidades y necesidades de la sociedad norteamericana.

Como ejemplo de este control unilateral de los Estados Unidos, podemos recordar la transformación de nuestra agricultura. Por muchos años la economía de Puerto Rico se fundamentó en la producción agrícola del café, el tabaco, y el azúcar. La producción del café y el tabaco fue desplazada por la producción de frutos menores y después por el azúcar, la cual era la necesidad apremiante para los norteamericanos. La producción del azúcar desplazó los otros productos. Esta producción era principalmente exportada hacia los Estados Unidos para satisfacer la necesidad en la demanda por este producto. Se nos impedía refinar aquí en Puerto Rico no más del trece por ciento del azúcar y, por lo tanto, había que vender el remanente a los norteamericanos. Las compañías norteamericanas refinaban este producto obligándonos a comprar nuestra propia azúcar a ellos.

Esta producción agrícola monolítica y la incorporación de la tecnología y maquinarias desplazaron a muchos agricultores. El gobierno de los Estados Unidos, ante esta situación, promovió la salida de muchos de estos agricultores hacia los Estados Unidos. El trabajo de la agricultura para ese entonces no era simpático para muchos norteamericanos. Nuestros agricultores pasaron a ser la mano de obra necesaria en la economía norteamericana.

Simultáneamente a esta transformación de nuestra agricultura y la emigración masiva de puertorriqueños hacia los Estados Unidos comienza el proceso de industrialización de Puerto Rico. Este proceso de industrialización fue auspiciado por el gobierno norteamericano. Estas políticas se conocen como la "Operación Manos a la Obra". Nuestra población que hasta entonces era una mayoritariamente de vivienda rural, se reorienta hacia los centros urbanos y alrededor de las industrias creadas.

La unidad familiar se ve alterada significativamente de una caracterizada por numerosas familias extendidas a una de tipo nuclear. Esta transformación de la mentalidad rural hacia la mentalidad urbana ha modificado nuestras familias y la manera en que nos relacionamos entre nosotros. Estos cambios socioeconómicos han traído a su vez cambios fundamentales en nuestras personalidades.

Nuestro mejor recurso, el cual es el recurso humano, es transformado basándose en el diseño y necesidades de la economía norteamericana. La situación migratoria de los puertorriqueños hacia los Estados Unidos comenzó en ese entonces a ser actividad cotidiana. Muchos de estos puertorriqueños como, por ejemplo, mi familia, se trasladaron a Nueva York.

La necesidad de recurso humano no tan sólo se limitaba a la producción agrícola, sino que se extendía a la necesidad de las industrias norteamericanas. En ciudades como, por ejemplo, Nueva York, muchas industrias confrontaban serios conflictos obrero patronales. Las uniones y el poder de las uniones amenazaban las ganancias corporativas. Muchos puertorriqueños sirvieron como rompehuelgas en este proceso, ganándonos así la antipatía de muchos norteamericanos. Esta disponibilidad de mano de obra permitía el pago de salarios más bajos por ende mayor ganancia corporativa.

La necesidad de trabajo y la ausencia de trabajos en Puerto Rico obligaron a muchos a migrar hacia los Estados Unidos y aceptar los trabajos disponibles en esa economía. La economía de Puerto Rico es carente de identidad propia. Depende de la economía de los Estados Unidos de sus alzas y bajas. Oscila según los cambios de la economía norteamericana. Puerto Rico carece de un plan de crecimiento y desarrollo para sus recursos humanos dirigidos a su autosuficiencia nacional. Esta situación de falta de un plan propio para el crecimiento y desarrollo de Puerto Rico y la falta de libertad para libre comercio es otro factor que nos hace la colonia más antigua del mundo.

¿Cómo es posible esta situación en nuestros tiempos? ¿Cómo podemos explicar la perpetuación de esta situación? Para contestar estas preguntas debemos examinar asuntos de la personalidad del puertorriqueño. La personalidad del individuo es producto de sus códigos genéticos e interacción con el medio ambiente. La situación colonial de Puerto Rico ha contribuido al desarrollo de la personalidad del colonizado. Esta personalidad es una respuesta de adaptación a la situación y realidades en Puerto Rico.

Ante la imposibilidad de cambio y falta de control propio, nosotros los puertorriqueños hemos desarrollado la mentalidad colonial. Los mecanismos de defensa de negación y racionalización son los principalmente usados en este tipo de mentalidad. Ante la imposibilidad de cambio, la negación nos sirve para obviar esta necesidad.

La realidad colonial de Puerto Rico ha sido reconocida por la administración norteamericana del Presidente Bill Clinton y el actual Presidente George W. Bush. En una entrevista reciente a un político puertorriqueño, se le preguntó si reconocía la existencia de la colonia en Puerto Rico. Su respuesta fue que sólo conocía de la colonia que usaba todas las mañanas para perfumarse. Este es un buen ejemplo de lo que es el mecanismo de defensa de la negación.

La racionalización es un mecanismo de defensa que ha sido comúnmente descrito con un ejemplo. Este ejemplo habla del zorro que se encontraba saltando para tratar de alcanzar la fruta que se encontraba en el árbol. Un oso que estaba de paso, al ver el zorro en su empeño frustrado, le preguntó si necesitaba ayuda. El zorro le contestó que no precisaba de ayuda porque las frutas estaban verdes y no las quería. Ante la imposibilidad y las dificultades de satisfacer nuestras necesidades, nosotros los individuos creamos explicaciones que no se fundamentan en la realidad. A eso se refiere el mecanismo de defensa de la racionalización.

La autodeterminación política en los puertorriqueños se atiende con mentalidad colonizada utilizando frecuentemente estos dos mecanismos de defensa. Esta independencia nacional en la personalidad colonizada no es deseable. La autosuficiencia económica y la oportunidad al propio crecimiento y desarrollo mediante el libre comercio tampoco son deseables para la mentalidad colonizada.

La independencia económica y la lucha contra el estado colonial fueron los causantes de la guerra entre los Estados Unidos e Inglaterra. Los Estados Unidos se constituyen en una nación independiente derrotando así al poder colonial de Inglaterra. Para los norteamericanos la autodeterminación, la independencia nacional, y el libre comercio son las cualidades en las cuales se fundamenta la constitución norteamericana. Para muchos puertorriqueños, este semejante deseo de autodeterminación, independencia nacional, y oportunidad de libre comercio es motivo de racionalización y negación. Es paradójico que estas cualidades tan estimadas por los norteamericanos sean ellos en contubernio con nuestros gobernantes, los que nos privan de lograrlo en Puerto Rico.

La colonia se perpetúa mediante el comportamiento colectivo de nosotros los puertorriqueños. Para poder atender el asunto del *status* y la dependencia económica tendremos primero que autoanalizar nuestras personalidades.

En este análisis tenemos que considerar el impacto que esta realidad histórica ha tenido en el desarrollo de nuestra personalidad. Esta mentalidad colonizada es producto de esta situación histórica. Sin embargo no debe ser ideal o aspiración para los puertorriqueños. Tenemos que librar una lucha contra la mentalidad colonizada comenzando por utilizar mecanismos de defensa psicológicos, maduros, y eficientes para resolver problemas. Debemos de aceptar esta realidad política y contribuir individualmente a transformarla.

La dependencia económica que tiene Puerto Rico hacia los Estados Unidos también ha contribuido al surgimiento y desarrollo del problema de personalidad colonizada. Las jugosas ayudas económicas que Puerto Rico recibe de los Estados Unidos han promovido la mentalidad y personalidad colonizada. Puerto Rico ha recibido billones de dólares de los Estados Unidos a través de los años.

Estas ayudas, en conjunto con esta personalidad colonizada, han hecho posible el surgimiento de una nueva clase social en Puerto Rico. Esta es una nueva clase social única en Puerto Rico: **los Políticos Colonizados.**

Los políticos en Puerto Rico, distinto a muchos otros sitios, surgen con el fin primordial de administrar y manejar las ayudas económicas provenientes de los Estados Unidos. Su fin dentro de esta mentalidad colonizada es la de hacer uso de estos dineros constituyéndose así en un grupo social único.

Los políticos colonizados tienen como fin la perpetuación de si mismos como clase. La prioridad del político colonizado no es el desarrollo de una economía propia conducente a la autosuficiencia y a combatir la pobreza.

Las ayudas económicas de los Estados Unidos son el sustrato económico que los sostienen como clase independiente. En apariencia son diferentes pero todos comparten el fin común de hacer usufructo de estas ayudas y perpetuar la dependencia económica y por ende la colonia. Esta clase social ha asumido diferentes caras que sirven para aparentar un proceso democrático y no de control autoritario de los Estados Unidos hacia Puerto Rico.

La ausencia de consenso entre estos políticos perpetúa su existencia. La situación y realidad histórica de los puertorriqueños ha sido supeditada a las necesidades de esta clase de individuos. Esta necesidad de crecimiento y desarrollo nacional se ha hecho secundaria ante la necesidad de perpetuación de estos grupos.

El surgimiento de esta nueva clase social crea una apariencia de proceso democrático en el país. Aunque aparentemente distintos en todos y cada uno de los tres partidos existentes en Puerto Rico, podemos observar rasgos de la mentalidad colonizada. El quehacer político en Puerto Rico se extiende más allá de lo que es el típico quehacer de los políticos en los Estados Unidos. Aquí se juega con la política porque en realidad el poder de tomar decisiones sobre nuestro status político no está en nuestros políticos, sino que reside en los políticos norteamericanos. Los políticos colonizados luchan por la oportunidad de administrar el tesoro de los Estados Unidos en Puerto Rico. Compiten entre sí por su turno al acceso de estos dineros. El acceso a estos dineros es fuente de trabajo y beneficio económico para los compañeros de partido. Nosotros los puertorriqueños nos auto-describimos según el partido político al cual pertenecemos. Aparentar ser político en Puerto Rico facilita el conseguir trabajo y es un grupo o red de apoyo financiero.

Los políticos colonizados se sirven a ellos y a su partido y no son servidores del pueblo. Los individuos políticos en los Estados Unidos saben describirse en términos de su actitud ante el cambio social e institucional. Su actitud ante el cambio social e institucional puede ser una de carácter conservador o liberal. El ritmo en que favorezcan el cambio social es la característica fundamental para los políticos norteamericanos. Son los conservadores los más lentos en promover cambios sociales e institucionales. Son los conservadores los más reacios al cambio. Los políticos liberales norteamericanos favorecen cambios más rápidos en el ordenamiento social e institucional.

En Puerto Rico no existe consenso entre los políticos en cuanto a la prioridad del cambio de la situación colonial presente. El cambio no es la prioridad por la cual trabajar todos en conjunto. La determinación propia es un proceso donde el consenso de la necesidad de cambio es indispensable. Es este consenso hacia la necesidad de cambio lo que hará posible el proceso de auto-determinación. Sin consenso no podremos cambiar nuestra realidad presente. La falta de consenso, su único beneficio, es la perpetuación y sostenimiento de la clase social de los políticos. En la hipótesis de que el *status* político cambiara en Puerto Rico, es necesario preguntarse, ¿qué pasará con esta nueva clase social?

Por muchos años los partidos políticos no han trabajado hacia la consecución de obtener un consenso que nos dirija al cambio. El cambio es una amenaza a la existencia de cada partido político. Ante esa amenaza los partidos se perpetúan manteniendo el conflicto y la lucha tribal. Lucha tribal que permite a los Estados Unidos mantener su control colonial en Puerto Rico.

Por muchos años los partidos políticos han sustituido la necesidad de creación de consenso hacia el cambio por la administración y manejo de los dineros del pueblo. Es de conocimiento popular que un por ciento grande de estos dineros provienen de los Estados Unidos. Es imposible manejar nuestra economía a través del ejercicio de la oportunidad al libre comercio. La ausencia de un plan estratégico para el crecimiento y desarrollo propio caracterizan nuestra presente realidad.

Los políticos en todos los partidos políticos debieran estar haciendo un mayor esfuerzo para cambiar esta realidad presente. Cada partido deberá surgir con un plan para el crecimiento y desarrollo de la economía de Puerto Rico conducente a su autosuficiencia e interdependencia de la comunidad internacional sin excluir a los Estados Unidos. El oportunismo y la dependencia hacia los Estados Unidos han caracterizado el quehacer político en Puerto Rico.

Es bien conocido el hecho de lo difícil que es conseguir trabajo o contratos en Puerto Rico cuando la persona no pertenece al partido político de turno en el poder. Los partidos políticos y la política son una fuerza abusiva ante el desarrollo propio y privado del pequeño comerciante. El orgullo por la autosuficiencia, el amor al trabajo, y la motivación hacia el propio desarrollo brillan por su ausencia en los partidos políticos.

El ocio, el favoritismo, el conflicto, la ausencia de definiciones claras, la falta de planes de desarrollo propio, y el mantengo político caracterizan los partidos coloniales. Ninguno de los partidos políticos presentes en Puerto Rico tiene una definición clara de lo que ellos persiguen y como lo van a lograr. Pocas personas conocen las consecuencias que la estadidad, la independencia, o el estado libre asociado mejorado significan específicamente para el individuo.

Se lucha en ardiente y ferviente lucha tribal sin saber exactamente por lo que se lucha. Ninguno de los partidos políticos ha asumido esta responsabilidad, puesto que la mentalidad colonizada los hace esclavos de lo que el Congreso de los Estados Unidos pueda decir. Nadie parece luchar por lo que realmente es nuestro problema principal. Nuestro problema principal es la situación de cómo un territorio de alrededor de tres mil quinientas millas cuadradas, una población de alrededor de cuatro millones de seres humanos, contando con limitados recursos naturales puede crecer y desarrollarse mediante el trabajo propio en una nación autosuficiente e inter dependiente de la comunidad internacional, incluyendo a los Estados Unidos de América.

La situación de la isla de Vieques es el mejor ejemplo de cuando el pueblo y los partidos se unen en un consenso de objetivos y los logran de manera exitosa. Fue este consenso que logró cambiar la política de los Estados Unidos hacia la destrucción del ambiente, el bombardeo y creación de enfermedades consecuencia de estas acciones en los puertorriqueños viviendo en la Isla Nena.

La personalidad del colonizado existe en todos los partidos políticos. Ésta hace posible la perpetuación del estado colonial y promueve la situación de dependencia. La dependencia es primaria hacia los Estados Unidos debido a sus generosas ayudas económicas. La dependencia se extiende y se promueve a la dependencia partidista. En la personalidad colonizada se transfiere su dependencia al partido. El colonizado no forja criterio propio. Son de carácter proselitista, pues vive vicariamente su vida a través de los líderes del partido.

No existe pensamiento crítico; no cuestionan a sus líderes. Ninguno exige una definición clara de términos. Tampoco exige una definición de un plan estratégico para la autosuficiencia nacional. La personalidad colonizada no exige de sus líderes políticos lo que en sí es carente en sus personalidades; criterio propio. Dejamos de ser puertorriqueños para ser estadolibristas, estadistas, o independentistas. Y sólo Dios sabe lo que esto significa. El desconocimiento de las implicaciones de cada postura es la realidad rampante de los individuos. En parte por la falta de análisis y motivados por la necesidad de dependencia psicológica, enfocamos nuestra atención a la personalidad de los líderes, no al contenido de sus mensajes.

La sociedad norteamericana se caracteriza por su amor a su independencia y a la autosuficiencia económica. Para ellos el ideal de independencia emocional, económica, y política es primario. La libre competencia, la eficiencia, y competencia económica internacional son ideales primarios en los norteamericanos. Muchos colonizados no emulan estas características de los norteamericanos; características que sin ellas no gozaremos de la simpatía del gobierno norteamericano. La falta de autosuficiencia y desarrollo propio económico constituye uno de los grandes impedimentos para establecer la estadidad en Puerto Rico. Este pobre desarrollo económico propio constituye una necesidad imperiosa para Puerto Rico en cualquiera forma de status que escojamos los puertorriqueños.

En los Estados Unidos es el partido republicano el principal proponente de la responsabilidad individual del desarrollo de esta autosuficiencia económica. Ese partido republicano norteamericano es el que históricamente se ha caracterizado por la promoción de la riqueza individual y de la promoción y exigencia de los estados para desarrollar sus economías autosuficientes. En sus políticas domésticas los Republicanos han promovido la menor interferencia federal en el desarrollo económico propio de cada estado. La independencia y responsabilidad del desarrollo económico se enfatiza en ese partido político.

Para el otorgamiento de la estadidad para Puerto Rico, probablemente los Estados Unidos harán unas exigencias de mayor desarrollo económico en Puerto Rico y también hará una exigencia de mayor eficiencia del uso de los recursos con que podamos contar los puertorriqueños. Puerto Rico es un pueblo mayoritariamente pobre e indigente donde menos de la mitad de los individuos capaces de trabajar lo hacen. La dependencia de económica y la jaibería han sustituido la laboriosidad y el trabajo en gran numero de individuos en nuestra población.

El gobierno, a través de sus partidos, es fuente grande de trabajo en Puerto Rico. El sector privado es desastrosamente minoritario en Puerto Rico. Los gobiernos en turno han hecho pocos esfuerzos para desarrollar y fortalecer el empresario privado puertorriqueño. Los políticos colonizados han favorecido a las grandes corporaciones americanas en lugar del pequeño comerciante local. El desarrollo de mayores y más prósperos pequeños negocios son necesarios como parte fundamental para nuestro desarrollo y para la posibilidad de encaminamos hacia el proceso de descolonización, ya sea por la vía de la estadidad, la independencia, o el estado libre asociado no territorial.

En la mentalidad colonizada lo propio es inferior y se asocia con ineficiencia e incompetencia. Lo proveniente de la metrópolis en esta mentalidad siempre es mejor.

La mentalidad colonizada parte de la idea que si lo hacemos nosotros no lo hacemos bien. En esta mentalidad la libre empresa y la competitividad donde prevalece el éxito basado en los meritos están ausentes. El panismo y el favoritismo para los miembros del propio partido son la orden del día en todos los partidos.

El populismo es la doctrina principal de los políticos colonizados. Las leyes laborales desarrolladas dentro de esta mentalidad han favorecido la creación de trabajos permanentes que no se fundamentan en los principios del merito. Bajo la ley de personal presente en el gobierno de Puerto Rico, es casi imposible erradicar el ocio y la mediocridad prevalecientes en la prestación de servicios gubernamentales. La eficiencia en el trabajo es innecesaria, pues el trabajo está asegurado por estas leyes.

En la filosofía populista se reparte la pobreza entre muchos para así garantizar los votos al partido. La actividad económica repartida así no es conducente a la promoción de riqueza. La necesidad de los partidos de crear su base y militancia han caracterizado la expansión del gobierno. No se ha promovido sistemáticamente el desarrollo del sector privado porque la inversión económica ha sido dirigida a promover el éxito electoral del gobierno en turno.

La doctrina populista en nuestra economía tiene como fin subliminal la obtención de votos electorales. El crecimiento del número de empleados de gobierno en todas las administraciones es un hecho. No se ve la promoción económica del sector privado como una necesaria para obtener la permanencia electoral.

La administración de los fondos federales ha sido en muchas ocasiones descritas como corruptas. La malversación de los dineros del pueblo no escapa líneas partidistas. Los fondos y dineros del pueblo en muchas ocasiones se dirigen hacia el lucro personal de los administradores gubernamentales. Esta actitud de connivencia con los corruptos es prevaleciente en la administración del gobierno.

Las diferencias y creación de conflictos entre los partidos políticos aseguran una oportunidad de tomar el poder y así administrar las finanzas del pueblo. En estos últimos años, los actos de corrupción gubernamental son escandalosamente frecuentes. Estos actos de corrupción principalmente han salido a la luz pública mediante las auditorias que las agencias federales ejercen sobre sus fondos. Las auditorias federales tienden a ser más consistentes y exhaustivas. Intolerancia hacia la corrupción tiende a ser más severa en el gobierno federal que en el gobierno estatal. Los dineros locales son más fáciles de ser malversados sin descubrirse.

Para la mentalidad colonizada la motivación para participar en la actividad política es la de asegurarse la oportunidad de administrar los fondos del pueblo en favor propio y para los suyos. La actividad política parece estar más preocupada en destruir al adversario que en construir una sociedad autosuficiente y orgullosa de obtener los beneficios económicos fundamentados en el esfuerzo individual y en el trabajo propio.

La política en Puerto Rico toma una nueva dimensión. Gran número de puertorriqueños se consideran conocedores políticos. Las pasiones que incitan la discusión política están íntimamente ligadas al valor personal y estima propia. El estudio de la personalidad colonizada en esta clase social de políticos es necesario para poder reorientar la administración gubernamental hacia mayor eficiencia y efectividad en el manejo de los recursos con que contamos.

Debemos evaluar el comportamiento de nuestros políticos en comparación con esta mentalidad colonizada que estamos describiendo aquí en este libro.

La idea sobre el título de este libro, *Los Trajes del Gobernador,* se refiere a las noticias publicadas recientemente en la prensa de Puerto Rico que hace alusión de que el partido popular le compró al presente gobernador, el Honorable Aníbal Acevedo Vilá, cuarenta mil dólares en trajes para su uso. Siendo esta una cantidad significativa de dinero y no proveniente del trabajo directo del gobernador, me pareció un buen ejemplo de la personalidad colonizada en estos políticos. Esta dependencia económica del líder del partido hacia su partido es un buen ejemplo de que para muchos la dependencia económica es un ideal a seguir.

La dependencia económica enmascara otro tipo de dependencia, y me refiero a la dependencia emocional. En el desarrollo psicológico de la personalidad de los individuos se da un movimiento comenzando en la dependencia física y emocional hacia la madre hasta las etapas maduras de la independencia física y emocional. Para la mentalidad colonizada la independencia emocional y económica no es un ideal. La mentalidad colonial favorece la perpetuación de la dependencia. Dependencia hacia el partido político y dependencia económica hacia los Estados Unidos.

Dependencia hacia el partido tiene como gratificación, que según se va ascendiendo en la estructura jerárquica, mayores son los beneficios económicos, como, por ejemplo, los cuarenta mil dólares en trajes para el gobernador. También, y muy importante, es la oportunidad de manejar los fondos estatales y las generosas ayudas federales.

El populismo, la antipatía ante el desarrollo individual privado, y el desinterés por el desarrollo económico hacia la autosuficiencia económica son los medios que los partidos políticos utilizan para perpetuar su control. La situación de dependencia hacia el partido y la economía norteamericana hacen de este grupo uno muy reacio al cambio.

La clase social de los políticos en Puerto Rico se ha convertido en unidad económica fundamental en la economía puertorriqueña, contrario a los Estados Unidos donde el pequeño empresario constituye la unidad básica del desarrollo de la economía norteamericana. El individualismo y la independencia económica se promueven en los Estados Unidos a través de múltiples incentivos que incluyen préstamos a bajos intereses y beneficios tributarios al empresario pequeño.

En este sistema se promueve la independencia hacia el gobierno y hacia los partidos políticos norteamericanos.

Esta nueva clase social en Puerto Rico ha servido históricamente para perpetuar la dependencia económica hacia los Estados Unidos. Como consecuencia de esto, la colonia se perpetúa.

Las diferencias aparentes en los partidos políticos en Puerto Rico se diluyen cuando examinamos las plataformas de cada partido. Ningún partido tiene una definición clara y operacional de lo que constituye su preferencia por el status. Es difícil y prácticamente imposible definir la estadidad para Puerto Rico, la independencia para Puerto Rico, o el estado libre asociado no territorial.

En ninguna de estas plataformas se evidencia un plan claro y efectivo para la creación y desarrollo de una economía autosuficiente y de menor dependencia de la economía norteamericana. Sin embargo el conflicto entre partidos es la orden del día en la política puertorriqueña. El desarrollo de consensos es la excepción. Esta situación de conflicto rutinario contribuye a la perpetuación de la situación colonial.

Esta maniobra de la metrópolis ha sido utilizada desde tiempos antiguos por otros imperios; "*divide et impera*". Continuamos haciéndole el juego a la metrópolis, cuando persistimos en no ponemos de acuerdo para cambiar la situación territorial de Puerto Rico hacia los Estados Unidos. El desarrollo de la autosuficiencia económica y la perspectiva de competir en esta economía global están ausentes en todos los partidos políticos.

Los partidos políticos se han caracterizado por favorecer económicamente las grandes corporaciones americanas. No se enfatiza en el desarrollo del empresario pequeño en Puerto Rico. En Puerto Rico, quienes se comportan en semejanza a las grandes corporaciones americanas son los partidos políticos. El gobierno ejerce un control exagerado en la economía puertorriqueña; control que es una compensación psicológica de la ausencia de control real.

La dependencia de los políticos hacia sus partidos es semejante a lo que los americanos llaman el "*company man*". Luce aparente que el conflicto entre los partidos se genera teniendo como sustrato principal asuntos de carácter económico en lugar de asuntos sustantivos y procesales.

La competencia se dirige enfocada a tener la oportunidad de manejar las finanzas del pueblo de Puerto Rico; oportunidad que se hace más lucrativa cuando incluimos los dineros federales proveniente de los Estados Unidos. En este tipo de competencia la efectividad es sustituida por la lealtad al partido.

Las fórmulas de cada partido son difíciles de evaluar en sus méritos debido a la ambigüedad prevaleciente. Los partidos políticos no definen sus fórmulas particulares del *status* en espera de la definición de estas fórmulas por los Estados Unidos. Todos esperan por la definición del Congreso de los Estados Unidos para cada fórmula. Todos temen a que lo deseado no se les otorgue. Los populares temen que el estado no territorial no tenga unión permanente a los Estados Unidos. Los estadistas temen que la estadidad no sea al estilo puertorriqueño y que contenga exigencias de mayor desarrollo propio y eficiencia gubernamental. Los independentistas temen a la responsabilidad de crear una economía nacional autosuficiente.

CAPÍTULO TRES

La Personalidad Colonizada

L A PERSONALIDAD ES el conjunto de rasgos físicos y psicológicos que describen específicamente un individuo. Es el conjunto de patrones de comportamiento observados durante la vida del individuo. Son las tendencias a actuar en determinadas situaciones. Nosotros los individuos exhibimos formas de actuar únicas en nosotros. Posibles combinaciones de rasgos de personalidad son infinitas. La combinación particular de rasgos es lo que nos hace únicos a cada individuo.

El estudio científico de la personalidad requiere la definición y especificación del evento humano a ser estudiado. Los rasgos de personalidad son posibilidades de reacciones individuales ante una situación determinada. Por ejemplo, las diferentes reacciones que los individuos puedan expresar ante una figura de autoridad.

Estas posibles reacciones se puede especificar mediante la definición de un continuo de comportamientos que fluctúan entre extremos de comportamientos antagónicos. Estos extremos describen comportamientos opuestos. Por ejemplo, una respuesta positiva con un sí; su extremo será una respuesta negativa con un no. Lo opuesto de aceptación es el rechazo, el opuesto de acercamiento es alejamiento y así sucesivamente. Entre estos dos extremos existe una cantidad infinita de posibilidades que son combinaciones distintas de estos extremos. Esta estrategia facilita mucho el estudio científico de la personalidad. Esta metodología ha sido descrita extensamente en la literatura psicológica. Es este tipo de metodología la cual usaré para describir la personalidad colonizada. El estudio de esta manera ha permitido el diseño de diferentes escalas. Es también mi propósito a la vez que describo la personalidad colonizada diseñar una escala para facilitar su observación.

En el ejemplo mencionado anteriormente, los posibles comportamientos de un individuo ante la autoridad fluctúan entre comportamientos de sumisión y rebelión. La sumisión y la rebelión son los dos polos. Entre estos dos polos las combinaciones posibles son infinitas. Las combinaciones y variaciones de estos polos hacen posible describir a todos los individuos en reacción a la figura de autoridad.

Mientras más frecuente es el rasgo en el individuo a través del tiempo, mejor lo describimos como un rasgo de personalidad. Los rasgos de personalidad son tendencias del individuo a actuar de determinada manera. Una vez establecemos un rasgo de comportamiento como parte de la personalidad del individuo, esto nos ayuda a hacer anticipaciones de comportamientos futuros. Mediante este método nos proponemos describir las características de la personalidad colonizada.

La observación es el instrumento fundamental del método científico. El método científico es de carácter hipotético deductivo. En otras palabras, mediante la observación de eventos se puede formular una hipótesis que nos permita calcular la probabilidad de que el evento se repita en el futuro. En este método la observación repetida permite la formulación de deducciones sobre el evento en cuestión. Se pueden establecer deducciones posibles para su aparición en el futuro. Una hipótesis en este modelo requiere que esta se fundamente en observaciones que se puedan corroborar de tales eventos. La hipótesis describe los eventos específicos y el tipo de relación observada entre los eventos. Este modelo sirve de base y guía al modelo médico. En ambas metodologías la observación dirigida sistemáticamente es el instrumento fundamental.

Si una observación se repite a través del tiempo y es corroborada por otros observadores independientes consecutivamente a través del tiempo, sube a otro nivel y se describe como un dato científico. Estas observaciones repetitivas y corroboradas a través de los años es lo que distingue las hipótesis, los principios, y las leyes científicas del conocimiento popular.

Es en este tipo de información la cual da fundamento al modelo médico. La observación específica de comportamientos y dirigida de manera sistemática ha caracterizado mi práctica de la psiquiatría. Utilizo manuales específicos, como el DSM – IV, y hago uso rutinario de escalas de observaciones de comportamientos durante mi quehacer profesional.

La observación sistematizada es necesaria para poder entender conceptos tan complejos como lo es la personalidad. Tanto en el estudio de las enfermedades mentales al igual que en el estudio de la personalidad, la observación sistemáticamente dirigida es la piedra angular de este proceso.

En términos del concepto de la personalidad, es la observación de la presencia de determinados comportamientos en un individuo, y de manera consistente a través de su vida, lo que nos lleva a formular la hipótesis; que esa manera específica de reaccionar es un rasgo de su personalidad. El conjunto de rasgos que se presentan de manera consistente en cada individuo constituye su personalidad.

Aunque pueda sonar paradójico, el estudio de los estados mentales patológicos me ha servido para entender mejor conceptos como lo es la personalidad normal del individuo. Los rasgos de personalidad encontrados en muchos pacientes mentales son solo expresiones exageradas de rasgos encontrados en la población normal. No tan solo exagerados, sino que en estos enfermos se usan de manera inflexible y no responden a las necesidades de ajuste ante la naturaleza cambiante de la realidad externa. Los rasgos patológicos nos pueden ayudar a identificar patrones de comportamiento normal y vise versa.

Para facilitar el proceso de observación de la personalidad colonizada, he diseñado una escala de observación. Esta provee un sistema de observación dirigido para identificar la presencia de los rasgos de personalidad y su intensidad. También servirá para dirigir el auto-análisis en términos de la presencia de estos rasgos en nosotros mismos. Su utilización en otros y ustedes pudiera darles una corroboración de que este tipo de personalidad es existente y prevaleciente en muchos puertorriqueños.

Los rasgos de personalidad diseñados en esta escala fueron primero observados en pacientes mentales y estos estaban asociados comúnmente a severa incapacidad laboral y/o interpersonal. Han servido de esta manera para definir el polo patológico del comportamiento. La personalidad se define en el contexto de una mezcla única de polos contrarios de comportamiento. En la presente escala, los opuestos a estos rasgos los he conceptualizado como los estados funcionales del mismo rasgo.

Mientras más alejado del polo inicial, más fácil es el camino a la funcionalidad. Esta escala describe comportamientos contrarios en conflicto. El conflicto es la esencia del quehacer intelectual, así como de la personalidad. Los individuos todos nos debatimos entre comportamiento en conflicto interno. El comportamiento, o el rasgo de personalidad, es la resultante de estos conflictos. Es una mezcla única para cada individuo.

De ser cierto que estos comportamientos son manifestaciones en la personalidad del puertorriqueño, entonces podremos observarlos en nosotros en algún momento de nuestras vidas como situaciones de conflicto personal y de toma de decisiones. También será necesario observarlos en otros, de manera consistente, para así validar el concepto de esta personalidad específica. Será mediante este proceso colectivo que podremos validar o no la presencia de la personalidad colonizada en el puertorriqueño.

La escala es específica del comportamiento a observar. Describe diez variables, cada una contenida en un continuo de cinco puntos. Son variables que describen comportamientos contrarios en conflicto. Esta situación de un continuo de comportamientos en conflicto es, en mi entender, la mejor manera de conceptualizar y describir los rasgos de personalidad. La validación de estos conceptos se refiere al proceso de determinar si estos comportamientos realmente existen en la personalidad del puertorriqueño. El diseño y desarrollo de esta escala va dirigido a facilitar este proceso de validación. De ser válidas, estos rasgos podrán reproducirse y observarse por ustedes. Este proceso de confirmación por otros se refiere a la característica de confiabilidad del concepto. Por lo tanto el concepto de personalidad colonizada en el puertorriqueño es un concepto sujeto a la validación y reproducción por otros observadores del comportamiento humano.

Estas observaciones son resultado de mis experiencias personales y profesionales durante los pasados años. Quizás sean únicas de las poblaciones que he observado y no sirvan para hacer generalizaciones a otros. De eso se trata este escrito. Describirlas aquí y hacerlas públicas es con la intención de solicitar la ayuda del público en general en este proceso de validación. Es un reto para el público corroborarlas o descartarlas como observaciones comunes y válidas del comportamiento del puertorriqueño.

La escala es fácil de usar. Cada rasgo se presenta en términos de cinco espacios, igualmente divididos, que describen grados de intensidad de cada comportamiento. Comienza en un rasgo específico y transcurre hacia el comportamiento contrario. El número uno describe la obvia presencia del rasgo y el número cinco representa la obvia presencia del contrario. Entre el uno y el cinco se encuentran las distintas intensidades y combinaciones de los comportamientos contrarios. El punto medio, el tres, es el punto más difícil de definir; pues no es claramente el rasgo ni su contrario. El dos es lo más cerca al rasgo sin parecerse a su contrario. El cuatro es lo más parecido al comportamiento contrario sin ser obvia su presencia.

Cada dimensión representa un rasgo de personalidad que describe mi impresión de lo que es la personalidad colonizada. Una personalidad que, a mi entender, es el producto de nuestras experiencias con quinientos trece años de colonialismo en Puerto Rico almacenadas en nuestros inconscientes colectivos. Los rasgos opuestos describen el negativo de la personalidad colonizada y describen el espectro del conflicto. El conjunto de los diez rasgos es lo que, en mi entender, caracteriza la personalidad colonizada. Cada una de las diez dimensiones se refiere a rasgos de personalidad universales en el ser humano. Las dimensiones están descritas de manera relevante a la personalidad del puertorriqueño.

Cada rasgo habla de funciones básicas de la personalidad. Los comportamientos descritos aquí describen estas funciones generales y cómo he podido observar que se manifiestan en los puertorriqueños. Cuando usamos la escala, si la suma total de las diez dimensiones es lo más cercano a diez, esto es indicativo de la presencia de la personalidad colonizada en el individuo. Mientras más cercana a cincuenta la suma total de los valores obtenidos, mas lejana está la persona de la personalidad colonizada.

Cincuenta es el valor máximo que un individuo puede obtener. Cincuenta representa la clara ausencia de la personalidad colonizada en el individuo. Mi sugerencia para el uso de esta escala es que comiencen con el auto-análisis o sea que comiencen con examinar la presencia de la personalidad colonizada en ustedes mismos. Poderse evaluar individualmente contribuye a la validación del instrumento. Debemos evaluarnos en cada una de las diez dimensiones y otorgarnos un número del uno al cinco en cada una de las diez dimensiones. Entonces, sumamos todos los valores obtenidos.

Mientras más cerca a diez, más probable es la presencia de la personalidad colonizada en ti. Cuánto más cerca está la suma de cincuenta, menos probable es la presencia de la personalidad colonizada en ti. Una vez hayas hecho esto, pídele a varias personas que te conocen bien que te evalúen a ti usando la escala. Suma todos los valores obtenidos, incluyendo el tuyo propio, y divídelos por el número de personas que te evaluaron, incluyéndote.

Nuevamente, el resultado de esta división mientras más cerca de diez, más probable es la presencia de la personalidad colonizada en ti. Mientras más cerca de cincuenta, menos probable es la presencia de la personalidad colonizada en ti. En muchas ocasiones nos percibimos muy distinto a cómo somos percibidos.

Procedamos ahora a describir cada una y todas las diez dimensiones de esta escala:

La primera dimensión de esta escala se refiere a la percepción individual de la relación legal entre Puerto Rico y los Estados Unidos. En el número uno se observa una negación de la realidad territorial de Puerto Rico de los Estados Unidos. En el número dos en esta escala el individuo presenta mayor negación que aceptación de la realidad territorial de Puerto Rico hacia los Estados Unidos. En el número tres de esta escala están los individuos que son ambivalentes entre la negación y la aceptación de la realidad territorial de Puerto Rico hacia los Estados Unidos. En el número cuatro de esta escala se encuentran los individuos que presentan mayor aceptación que negación de la realidad territorial de Puerto Rico hacia los Estados Unidos. El número cinco representa a los individuos que aceptan la realidad territorial de Puerto Rico hacia los Estados Unidos.

Esta dimensión representa la destreza individual de percibir nuestra realidad socioeconómica e histórica. La principal función de nuestros cerebros se refiere a la habilidad de percibir las realidades tanto externas como internas a nuestro cuerpo. Buen contacto con la realidad hace posible respuestas de comportamiento que sean funcionales para la realidad determinada.

Mientras menor es el contacto con la realidad, mayor la posibilidad de enfermedad mental. Esta función de evaluación de las realidades es la más difícil y compleja para cualquier ser viviente. Este proceso de análisis, evaluación, y respuesta es único en el ser humano y es muy difícil de reproducirlo en una computadora.

Esta función básica del cerebro humano ha sido descrita de diferentes maneras por los psicólogos. Psicólogos rusos, como Ivan Pavlov, la llamaron la respuesta de orientación cerebral. Describen ellos que el cerebro humano tiene como función primordial orientarnos en tiempo y espacio. Es basándose en esta data que el cerebro ejecuta sus respuestas de comportamiento.

Esta función básica en el ser humano ha sido modificada en los puertorriqueños por la realidad de quinientos años de percibir la realidad condicionada de la realidad de la metrópolis de turno. En este momento histórico, la percepción de la realidad que los norteamericanos tienen de nosotros y lo que Puerto Rico constituye para los Estados Unidos.

Si examinamos los escritos del Congreso de los Estados Unidos en lo que se refieren a Puerto Rico y también cualquier enciclopedia, Puerto Rico es un **"territorio no incorporado de los Estados Unidos de América".**

La función orientadora del cerebro humano también ha sido descrita como la función de adaptación general en el cuerpo humano. El cerebro orienta al cuerpo para emitir respuestas de lucha o retirada ante la situación de novedad y peligro. Nuestros cerebros coordinan todas las funciones del cuerpo partiendo de esta función evaluadora de la realidad. La negación de la realidad pospone el proceso de toma de decisiones; posponiendo a su vez las respuestas de mejor adaptación y funcionales del individuo.

El grado de percepción de nuestras realidades socioeconómicas e históricas son funciones y rasgos de personalidad. Nos describen como seres únicos, en términos de la conciencia de la situación socioeconómica e histórica que tenemos. De igual manera que el peso, la estatura, el color de la piel, o el color de los ojos, la percepción de la realidad histórica es rasgo de personalidad en el individuo.

La realidad jurídica tanto en el Congreso de los Estados Unidos de América como Para el grupo del ex-Presidente Bill Clinton y el grupo de trabajo del actual Presidente de los Estados Unidos de América Honorable George W. Bush, es que Puerto Rico es un territorio no incorporado de los Estados Unidos.

Esta personalidad colonizada tiene problemas en las funciones de evaluar la realidad. Su realidad está condicionada por la situación colonial. La situación colonial es semejante a la situación que sufrieron los negros americanos ante la esclavitud. Para algunos negros la esclavitud no existía como realidad individual. Muchos negaron sus realidades al igual que la personalidad colonizada niega su realidad. La libertad hace al individuo responsable de su futuro. Para muchos esta es una carga insostenible.

Como podemos ver de este examen inicial de la primera dimensión de personalidad, esta función de la personalidad es universal en el ser humano. Lo que es particular para el puertorriqueño son las únicas circunstancias históricas y socioeconómicas. Otros seres humanos han sufrido y sufren situaciones históricas emocionales semejantes. En un momento histórico pasado los propios norteamericanos sufrieron de la situación colonial y posteriormente los negros norteamericanos de la esclavitud.

Esta primera dimensión se refiere al conocimiento que el individuo tiene con relación a su realidad histórica. La negación representa un mecanismo de defensa en el ámbito individual, mientras que el polo opuesto, la aceptación de la realidad colonial de Puerto Rico es reflejo del consenso inter-subjetivo prevaleciente.

La negación de la realidad es uno de los mecanismos de defensa psicológicos fundamentales del individuo. También es considerado como el más primitivo y disfuncional de todos los mecanismos de defensa. La negación no orienta al individuo de manera realista y tampoco lo encamina hacia respuestas de adaptación funcionales. El beneficio principal del uso de este mecanismo es el de posponer el enfrentamiento a la realidad y la emisión de una respuesta. Característica de muchos puertorriqueños descrita en nuestra literatura por Don Abelardo Díaz Alfaro, en el cuento del hasta mañana y la actitud de dejar de hacer las cosas para después o más tarde.

El examen de la literatura puertorriqueña demuestra la presencia de este posponer la toma de decisiones como uno muy común en los puertorriqueños. Es muy típico de muchos puertorriqueños dejar para mañana lo que podemos hacer hoy. A eso se refiere "el ay bendito" tan popular. El colonizado no acepta su realidad colonial; implícita en esta negación es la aceptación del *"status quo"*. Implícita también su subordinación hacia la metrópolis. Su existencia se fundamenta en la creencia de una realidad no existente, pero compartida por otros. Inmersa en su personalidad está la subordinación, el miedo al invasor, y su dependencia de este. Implicada también es la falta de criterio propio y falta de confianza en el ser propio. Un sentimiento de inferioridad está subyacente en toda su personalidad. La subordinación y dependencia son estados que exigen menos trabajo del individuo. La colonia es más fácil de perpetuar. Es un modo de vida más fácil. Toma mucho más trabajo asumir las riendas de nuestros destinos que ser una colonia. Es más difícil establecer planes para estimular el crecimiento de una economía encaminada a la autosuficiencia. La negación de la realidad colonial de Puerto Rico es a todas luces un comportamiento patológico.

Además de orientarnos y darnos coordenadas específicas de nuestra realidad presente, el cerebro nos ofrece información de nuestra historia. Esta información se encuentra almacenada en nuestros cerebros en lo que conocemos como el inconsciente colectivo.

Estos son patrones de comportamientos que se encuentran presentes desde el nacimiento. Provienen de experiencias pasadas y son almacenados como respuestas útiles para la supervivencia. Ha sido demostrado científicamente que nuestro cerebro puede ser alterado y modificado por las experiencias vividas. No tan sólo el cerebro, sino que otras partes del cuerpo también pueden ser alterados basándose en sus experiencias. Por ejemplo, el conocimiento médico respecto a la anemia falciforme demuestra que ésta surgió como una protección para individuos expuestos a la malaria.

Es mi opinión que en el inconsciente colectivo del puertorriqueño se encuentra la necesidad de aceptar o negar la realidad colonial sufrida durante estos pasados quinientos años. Para algunos el conflicto se percibe a niveles más conscientes que para otros. Si somos colonia o no, nadie nos lo tendrá que recordar, pues esa es la función del inconsciente colectivo. En el inconsciente colectivo se encuentran todos los comportamientos aprendidos a través de los años y que han sido funcionales a través del tiempo para trabajar distintas situaciones. La realidad colonial de Puerto Rico está grabada en nuestros cerebros.

La opción a la situación es individual, pero el conflicto es universal al puertorriqueño. Algunos deseamos dejar de ser colonia, pero también existen tendencias dentro de nosotros a continuar siéndolo. Este comportamiento ha sido funcional para muchas personalidades a través de nuestro devenir histórico. Estas tendencias antagónicas son, a mi parecer, parte del desarrollo psico-social del puertorriqueño, únicas en nosotros y resultado de nuestra historia como pueblo.

El rasgo distintivo de la personalidad colonizada es su deseo de continuar el *status* presente en Puerto Rico. El deseo de continuar la situación presente puede ser consciente, y en ocasiones, inconsciente.

La segunda dimensión que vamos a examinar en esta escala tiene que ver con la actitud que el individuo asume sobre su independencia emocional y económica. En el número uno de esta dimensión se encuentra el individuo que le tiene miedo a su independencia emocional y económica. En el número dos se encuentra el individuo que comienza a tratar de ser independiente emocional y económicamente. En el número tres están los individuos que presentan ambivalencia ante su independencia emocional y económica. En el número cuatro son los individuos que parecen estar logrando su independencia emocional y económica. El número cinco representa al individuo emocional y económicamente independiente.

Esta dimensión intenta representar lo que muchos estudiosos del desarrollo humano han descrito sobre el desarrollo normal de la personalidad. En este modelo de desarrollo de la personalidad se visualiza el desarrollo normal del individuo partiendo de una dependencia total de la madre hacia el camino de una personalidad independiente. El comienzo de la vida humana se da en el contexto de un embrión conectado a través de la placenta hacia la madre. A través de esta conexión, el individuo recibe los nutrientes necesarios para su desarrollo. Respiramos y nos nutrimos a través de la conexión con la madre. Al nacer este cordón se rompe y comienza el camino de la independencia física. Es la dependencia física la que define la dependencia emocional del individuo hacia sus progenitores. En las primeras etapas de la vida, la ausencia de madre es causa de miedo y temor de la pérdida de la existencia propia.

Según avanzamos en la vida y vamos alcanzando mayores grados de independencia es que se va formando la identidad propia. El desarrollo normal del individuo a través de los años es conceptualizado por uno que transcurre desde la total dependencia a uno de independencia, donde el individuo se sostiene a si mismo. La etapa final es la formación de una personalidad propia independiente y única para cada individuo. Este modelo del desarrollo de la personalidad parte de la premisa de que cuerpo y personalidad son manifestaciones distintas de un mismo proceso que es la vida humana. El desarrollo de nuestras habilidades físicas condiciona el desarrollo psicológico del individuo. Ambos desarrollos se dan simultáneamente y cada uno es causa y resultado del otro proceso.

En este modelo comenzamos desde una personalidad dependiente y nos encaminamos hacia la formación de una identidad propia y diferente a la de nuestros progenitores. En este proceso de desarrollo vemos la aceptación de mayores responsabilidades para la supervivencia. El individuo cada vez va desarrollando criterio propio para su personalidad. Criterios que reflejan un conflicto entre la dependencia y la independencia del criterio familiar. Grados diferentes de cada rasgo en conflicto hacen diferentes a los individuos.

Hay personalidades extremadamente dependientes de los demás y este extremo e incapacidad de actuar independientemente se encuentra descrito en el DSM-IV, como el desorden de personalidad dependiente.

La maduración de la personalidad es conducente a la creación de su independencia. La independencia contiene en si grados de dependencia. Estos son mejor descritos como interdependencia. El ser inter-dependiente reconoce su independencia y acepta con respeto la independencia del prójimo. El individuo maduro se hace responsable de su existencia y su ser. Este individuo acepta que somos como somos debido a que hemos optado por ser como somos. La vida y la personalidad son un ejercicio del libre albedrío individual. Este individuo no hace responsable a otros de sus desgracias y malas decisiones. El vivir es un continuo devenir entre tratar y errar. Así se aprende y se desarrolla el ser, tratando y cometiendo errores. Esta es la naturaleza del ser humano y la vida en sí.

Mientras más dependiente es el individuo, mayor es la tendencia a responsabilizar a otros de sus propios errores. Para algunos somos como somos porque los padres o las amistades o nuestros compañeros nos hacen así. Implícito en esta tendencia está el miedo a la independencia personal y la falta de asumir la responsabilidad del ser. El ser independiente no excluye el trabajo en interdependencia con otros, pero guiado por criterios claros de justicia social. La colaboración de no explotación con otros refleja el respeto a la independencia de criterios. El ser inter-dependiente respeta el derecho a tener su criterio personal y también reconoce el derecho en otros a su propio criterio.

La dependencia de la colonia hacia la metrópolis en turno ha impedido el desarrollo normal de la personalidad del puertorriqueño. Mentalmente nos debatimos la existencia y la supervivencia propia sin la metrópolis. La personalidad colonizada es inmadura y presenta fuertes tendencias a la dependencia. Esta personalidad responsabiliza únicamente a los Estados Unidos por mantener nuestra presente situación colonial. Mientras más dependiente, mayor es la tendencia a responsabilizar a otros. El extremo patológico de estas tendencias en la personalidad está también descrito en el manual de clasificación de los desordenes mentales, el DSM-IV, como el desorden de personalidad antisocial.

La personalidad colonizada no es independiente y se caracteriza por su miedo a la independencia y la falta de colaboración con individuos de criterios propios y diferentes. La personalidad colonizada es una incompleta e insegura, que tiene miedo a ser independiente.

En esta, *la tercera dimensión* de esta escala, estaremos examinando la actitud que el individuo asume ante la voluntad de los Estados Unidos hacia Puerto Rico. El número uno representa al individuo dependiente y sumiso ante la voluntad de los Estados Unidos hacia Puerto Rico. El número dos es el individuo que comienza a ser crítico hacia la voluntad de los Estados Unidos para con Puerto Rico. En el número tres es el individuo que es ambivalente ante la voluntad de los Estados Unidos para Puerto Rico. El número cuatro es el individuo que es crítico pero todavía dependiente y sumiso ante la voluntad de los Estados Unidos para con Puerto Rico. En el número cinco se encuentran los individuos que presentan independencia de criterios ante la voluntad de los Estados Unidos para con Puerto Rico.

La dependencia al criterio externo, en este caso la metrópolis, ha sido descrita en la literatura psicológica individual como foco de control. Los individuos dentro de esta variable psicológica son descritos en dos tipos fundamentales. Un tipo es el individuo que mantiene el control de su comportamiento internamente. El otro tipo es el individuo donde el control de su comportamiento es externo. Un ejemplo de este último es el individuo que decide comer cuando ve un anuncio en la televisión de comida y no cuando tiene hambre. El de foco de control interno decide comer cuando su cuerpo se lo pide. Esta característica fundamental de la personalidad individual también se ha definido en términos psicológicos y operacionales como independencia o dependencia al contexto externo. Se han desarrollado pruebas psicológicas que miden estas características de personalidad.

En una de estas pruebas se enfrenta al individuo a un examen donde se le pide que lea un mensaje y se anota si la persona comete errores y cuántos errores comete leyendo el mensaje. Por ejemplo, se le presenta la palabra rojo escrita en una pantalla, sin embargo la palabra está escrita en color azul.

Mientras más errores comete el individuo ante estas interferencias, sirve como un indicador de que sus respuestas son afectadas por el contexto. La personalidad colonizada es dependiente del contexto y el foco de control de su comportamiento es externo. La personalidad colonizada es muy sugestionable e insegura de sí.

La situación colonial presente, donde el poder jurídico reside en el Congreso de los Estados Unidos, ha contribuido a la formación y perpetuación de este rasgo de personalidad en los puertorriqueños. Pero su origen data de los tiempos del coloniaje español en Puerto Rico. Este rasgo de personalidad en el individuo se refiere a la capacidad de distinguir el todo de las partes. Se refiere también a la habilidad descrita de formar una gestalt de la situación sin distracción indebida de las partes.

Esta *cuarta dimensión* describe la actitud asumida por el individuo sobre su autosuficiencia económica. En el número uno está el individuo que no es autosuficiente económicamente. En el número dos se describe el individuo que comienza a aceptar la necesidad de ser autosuficiente económicamente. El número tres es el individuo que es ambivalente ante su autosuficiencia económica. El número cuatro es el individuo que está en vías de ser autosuficiente económicamente. El número cinco es el individuo que es autosuficiente económicamente.

Esta dimensión examina la visión filosófica idealista versus la visión filosófica materialista hacia la vida en el ser humano. En la visión materialista, mente y cuerpo son manifestaciones de un mismo fenómeno: la vida humana. El idealismo visualiza la mente y el cuerpo como dos entidades distintas que se dan de formas paralelas pero independientes. En la visión materialista la sociedad y la economía son manifestaciones de un mismo fenómeno: la vida social del ser humano. La visión idealista ve el desarrollo de las sociedades independientes de la economía. Para el materialista, el desarrollo del individuo, al igual que el desarrollo de las naciones, está íntimamente ligado a sus desarrollos económicos.

El desarrollo económico individual es parte fundamental de la personalidad del individuo en la filosofía materialista. El desarrollo de la economía propia es fundamental en el desarrollo sociológico de las sociedades.

Cultura y economía en la perspectiva materialista están íntimamente ligadas. Para el idealista la cultura y la economía nacional son cosas muy diferentes. La personalidad colonizada tiende a ser de tipo idealista, en el sentido idealista que ha sido descrito aquí. Para el individuo colonizado, el desarrollo de una economía conducente a la autosuficiencia no es una prioridad.

El idealista filosófico ve las ideas y la materia como cosas distintas. El materialista ve las ideas y el cerebro como diferentes expresiones de la misma cosa: la vida. La cultura y la economía son ambas expresiones de la existencia de una nación. La economía da fundamento al individuo, al igual que da fundamento a las naciones. Las naciones sobreviven en la medida en que desarrollan sus economías. La cultura es el conjunto de rasgos particulares que describen la producción y manejos de los bienes materiales necesarios para la supervivencia.

El ideal del desarrollo de una economía autosuficiente refleja la visión materialista de la vida. Defender la cultura sin desarrollar una economía autosuficiente es una visión idealista de la realidad. La nación y la cultura existen en el contexto del desarrollo económico. La ausencia de planes para el desarrollo de una economía autosuficiente implícitamente es una aceptación y deseo de perpetuar el estado colonial de Puerto Rico. Sin el desarrollo hacia una economía autosuficiente en Puerto Rico, no podemos hablar de una nación madura y consciente de sus responsabilidades básicas. Aquellos que no ven la necesidad del desarrollo de una economía autosuficiente para Puerto Rico se comportan como buenos colonizados.

La quinta dimensión de personalidad que estaremos examinando habla sobre la relación que el individuo establece entre el trabajo y su estima propia. En el número uno se encuentra el individuo donde el trabajo no es la esencia de su estima propia. El número dos describe al individuo que está comenzando a establecer una relación entre el trabajo y su estima propia. En el número tres están los individuos que son ambivalentes ante la relación del trabajo y la estima propia. En el número cuatro se representa al individuo que está en vías de hacer el trabajo la esencia de su estima propia. En el número cinco se describe el individuo que el trabajo es la esencia de su estima propia.

Esta dimensión de personalidad es de particular importancia para el colonizado. El colonizador utiliza el trabajo del colonizado para su propio beneficio. En los tiempos de España, el trabajo del indio Taino y, posteriormente, el trabajo del negro esclavo, enriquecía al imperio español y no a los trabajadores. Este control económico del fruto del trabajo hacia la metrópolis crea la actitud mental de que el trabajo no es para beneficio personal, creando una actitud de resentimiento la cual se transfiere al trabajo de manera inapropiada. El problema deja de ser el colonizador para convertirse en el trabajo propio.

Esta actitud de resentimiento desplazado hacia el trabajo es prevaleciente en Puerto Rico tanto en muchas empresas de gobierno al igual que en compañías privadas. La actitud de servicio al cliente para muchos no es el ideal a seguir. La actitud para muchos se convierte en la representada en el refrán popular; "el bruto vive de su trabajo, el sabio vive del trabajo del bruto".

La actitud negativa hacia el trabajo no es única en la colonia, sino que es universal en todas las sociedades. Para entender de manera científica el comportamiento humano hay que hacer referencia a las leyes físicas de la materia. Después de todo, nosotros los seres humanos estamos compuestos de materia. El trabajo dentro del marco de las leyes físicas se describe como energía utilizada en el desplazamiento de materia a través de distancias a velocidades determinadas. En palabras sencillas el trabajo implica el uso de energía para promover el movimiento de materia, nuestros cuerpos y otros objetos. Una de las leyes físicas nos dice que cuerpos en reposo tienden a permanecer en reposo. Hacer trabajo cuesta trabajo y un deseo implícito de luchar contra las fuerzas de la gravedad. Trabajar no es fácil desde el punto de vista de la física.

Esta dimensión intenta explorar las consecuencias que la situación colonial ha tenido en la percepción de los procesos físicos del individuo. En específico la actitud hacia el trabajo. Dentro de la perspectiva sociológica estructuralista el trabajo individual es la fuente de todo capital. La conciencia que cada individuo tiene de esta realidad es variable. Muchos hacen referencia de esta dimensión cuando hablan de la ética hacia el trabajo. Desde el punto de vista físico y médico, la cualidad más importante de nuestros cuerpos es la capacidad de producir trabajo. Es esta capacidad lo que distingue la vida de la muerte.

El desprecio al trabajo propio es una enajenación y negación de la existencia. Nuestros cuerpos y sus capacidades de generar trabajo físico e intelectual son las posesiones mas preciadas con que contamos. Tenemos que aprender a diferenciar la actitud creada por los quinientos trece años de colonización versus la actitud saludable que debemos asumir hacia el trabajo.

La fuerza laboral en Puerto Rico se encuentra trabajando a medio vapor. En gran medida por las múltiples ayudas que exigen que el individuo no trabaje para poderlas recibir. Si estas ayudas estuvieran atadas a un componente de trabajo nuestra producción nacional sería mucho mayor. Yo especulo que si al presente sólo la mitad de la fuerza laboral trabaja, no recibiéndose los beneficios federales del Seguro Suplementario por Incapacidad (SSI) en Puerto Rico, de recibirse estos beneficios, posiblemente sólo la tercera parte trabajará. Aquí en Puerto Rico los beneficios por incapacidad se reciben a través del Seguro Social que los individuos han pagado mientras trabajan. En los Estados Unidos los beneficios de incapacidad pueden recibirse sin haber pagado el Seguro Social o sin haber pagado los trimestres necesarios para cualificar. Estos beneficios van dirigidos a combatir la pobreza.

En un país como el nuestro, donde el nivel de la pobreza es alto, los desembolsos que los Estados Unidos habrían de enviar a Puerto Rico por concepto del SSI serán de carácter astronómico; creándose así una nación de incapacitados para laborar. Las ayudas económicas para combatir la pobreza deberán canalizarse mediante incentivos para el trabajo. El trabajo debe ser la principal fuente de capital y orgullo en la cual fundamentar la estima propia.

La sexta dimensión en esta escala de evaluación de la personalidad colonizada se refiere a la actitud hacia la planificación económica. En el número uno se encuentra el individuo para el cual no existe un plan de desarrollo económico. En el número dos el individuo comienza a reconocer la necesidad de planificación económica. En el número tres el individuo es ambivalente ante la planificación económica. En el número cuatro el individuo comienza a estar activo en un plan de desarrollo económico. En el número cinco el individuo se encuentra activo en su plan de desarrollo económico. Esta dimensión explora la importancia y prioridad que el individuo le otorga al proceso de planificación.

Esta dimensión se refiere a la habilidad personal de proyectarse hacia el futuro y poder planificar basándose en sus expectativas y recursos. Es característica de las sociedades primitivas vivir en relación al presente. La dimensión de tiempo y la proyección futura se adquieren según se van desarrollando las sociedades. La falta de planificación es más común en los países subdesarrollados. Es también caracteristicamente común en los niveles socioeconómicos más bajos. La personalidad colonizada se comporta con una actitud de desprecio hacia la planificación y carece de un plan estratégico para lograr su autosuficiencia económica.

En esta *séptima dimensión* la escala intenta medir la actitud del individuo hacia la propiedad privada y la acumulación de capital por otros. En el número uno el individuo presenta una actitud de envidia y celos ante la propiedad privada y la acumulación de capital por otros. En el número dos el individuo comienza a reconocer la necesidad de respetar la propiedad privada y ser competitivo ante la acumulación de capital por otros. En el número tres el individuo es ambivalente entre la actitud de celos y envidia y la necesidad de respetar y ser competitivo ante la propiedad privada y la acumulación de capital. En el número cuatro el individuo comienza a ser competitivo ante la acumulación de capital. El número cinco describe al individuo que respeta la propiedad privada y es competitivo ante la acumulación de capital.

En el comienzo de la civilización humana la propiedad común era la ley. Los recursos disponibles pertenecían al más fuerte y agresivo. La propiedad privada no existía. La guerra y las luchas eran la orden del día para poder satisfacer las necesidades de vida. El macho más fuerte se quedaba con las hembras. Las tribus más hostiles destruían a las más débiles y se quedaban con sus recursos y mujeres. Este tipo de comportamiento caracteriza el reino animal. Según la sociedad va evolucionando, las leyes de la naturaleza van siendo modificadas por los principios de justicia social. Según se va definiendo este tipo de ordenamiento social, surge la propiedad privada.

La actitud asumida por los individuos ante la propiedad privada también forma parte del inconsciente colectivo. La reacción más primitiva ante esta situación la representa el celo y la envidia ante la adquisición de capital por los demás. La actitud madura ante esta situación es la aceptación de la propiedad privada y asumir una actitud de competitividad en la adquisición de capital. La personalidad colonizada está mas pendiente de lo que los otros tienen que de ser competitiva para la adquisición propia de capital.

Este comportamiento primitivo también caracteriza el comportamiento de las gangas y pandillas en Puerto Rico. La criminalidad tan alta y rampante en Puerto Rico tiene como origen esta personalidad colonizada. Recuerdo recientemente haber leído sobre las estadísticas del Interpol sobre la criminalidad en Puerto Rico. De acuerdo a estos números somos el quinto país en el ámbito mundial en cuanto a la tasa de asesinatos por población.

Es fácil de aceptar que este problema es uno de carácter multifactorial, pero no debemos omitir la posible relación de esta situación con la personalidad colonizada. Me agrado leer en la prensa que el jefe de la policía en Puerto Rico entendía que detrás de estas cifras se encuentra un problema de salud mental. Estoy muy de acuerdo con este análisis por parte del jefe. Los daños que este proceso histórico de colonización han causado en Puerto Rico son incalculables. Mientras la personalidad del colonizado predomine en nuestra sociedad estos daños serán difíciles de reparar. El sentido de propiedad es carente en el colonizado porque en la realidad nunca hemos sido dueños de Puerto Rico.

La octava dimensión describe el estilo individual hacia la solución de problemas. El número uno describe al individuo que se enfrenta a los problemas creando conflictos. El número dos es el individuo que comienza ver la necesidad de crear consensos estratégicos para la solución de problemas. En el número tres está el individuo que es ambivalente en su estilo de solucionar problemas. El número cuatro describe al individuo donde predomina el estilo de búsqueda de consensos estratégicos para la solución de problemas. En el número cinco se encuentra el individuo que se enfrenta a los problemas buscando consensos estratégicos.

La solución de los problemas requiere la formación de consensos; primero en la definición inicial del problema y posteriormente en la metodología a utilizarse para resolverlo. Una manera de negar que un problema existe es la de crear conflictos para desviar la atención al problema. El conflicto es inherente al problema, por eso se constituye en un problema. El consenso intenta identificar la naturaleza del conflicto, para así poder resolverlo. La creación de conflictos en adición a los propios e inherentes al problema no conduce a su solución, sólo a su exacerbación.

El estilo prevaleciente en el colonizado es el de crear conflictos en su intención de aparentar que esta trabajando. Esto ha caracterizado el quehacer de los partidos políticos en Puerto Rico. Basta con que uno de los partidos diga si, el contrario dirá no, sin examinar los meritos de la situación.

La naturaleza humana se caracteriza por la diferencia ante la percepción de los eventos. Si en el banco de la plaza del mercado se cae al piso una anciana y les preguntamos a los individuos presentes ¿qué pasó?, cada uno ofrecerá una versión distinta; ésta es la naturaleza humana. La diferencia y la variabilidad son las leyes del desarrollo evolutivo humano. Él que no acepta esta realidad no se podrá enfrentar a la solución de problemas de manera competente.

Como dice el refrán, existen muchas maneras de pelar una cebolla; o dicho de otra manera, son muchos los caminos que nos llevan a Roma. La aceptación de las diferencias nos lleva a la formulación de consensos estratégicos que en última instancia son los que resuelven la situación conflictiva. La situación territorial de Puerto Rico no se resolverá sin que los partidos políticos abandonen la lucha tribal. La lucha contra la pobreza requiere consensos estratégicos entre todos los partidos. La dependencia y el pobre desarrollo de la economía puertorriqueña demanda también de consensos estratégicos de parte de todos los partidos.

La reciente crisis económica, el cierre temporero del gobierno y la necesidad de la intervención de las iglesias en los asuntos del estado, hacen patente este estilo de creación de conflicto. Los únicos beneficiados de este estilo son los partidos políticos, que de esta manera, justifican su existencia como clase social y dependientes de la permanencia del estado colonial en Puerto Rico. La supervivencia de estos partidos colonizados está amenazada ante la posibilidad de una solución unilateral de los Estados Unidos para el estado colonial en Puerto Rico. Evento que no puede descartarse ante la pérdida de credibilidad de los Estados Unidos en la comunidad europea debido a la guerra en Irak.

La novena dimensión tiene que ver con el tipo de visión de mundo del individuo. El número uno describe el individuo con una visión de mundo provincial. El número dos es el individuo con una visión de mundo insularista. El número tres describe el individuo que ve el mundo consistiendo en Puerto Rico y los Estados Unidos. En el número cuatro el individuo tiene una visión del mundo más allá de Puerto Rico y los Estados Unidos. En el número cinco el individuo tiene una visión del mundo internacional y global.

Esta dimensión intenta evaluar la perspectiva que el individuo tiene del mundo que nos rodea. La personalidad madura ve más allá de su ser. La personalidad inmadura es egocéntrica y narcisista. Somos todos partes de la raza humana. Como tal nos enfrentamos a los mismos problemas básicos de vida. La supervivencia en un mundo donde nosotros los seres humanos crecemos en desproporción al crecimiento de los recursos naturales es el denominador común. Las sociedades se distinguen por sus variaciones en cómo manejan estos problemas comunes a todos. Nadie es mejor que nadie.

Cada cultura puede aprender de esas diferencias con otras culturas. El humanismo conlleva ver más allá del propio ordenamiento social. Según evolucionamos la visión de mundo global es más necesaria. La visión de una economía global es necesaria para la supervivencia individual y nacional en nuestros tiempos.

Esta *décima y última dimensión* de la escala tiene que ver con la importancia que el individuo le da al uso y aprendizaje del idioma inglés. El número uno representa al individuo que rechaza el uso y aprendizaje del idioma inglés. En el número dos el individuo acepta necesidad para el uso y aprendizaje del idioma inglés. En el número tres el individuo es ambivalente ante el uso y aprendizaje del idioma inglés. En el número cuatro el individuo comienza a hacer uso y hace parte de su aprendizaje del idioma inglés. En el número cinco el uso y el aprendizaje del idioma inglés es parte integral de la educación del individuo.

El lenguaje es el medio que nosotros los seres humanos usamos para comunicarnos entre nosotros. La comunicación tiene una función dual; tiene una dimensión expresiva y otra dirigida a modificar la conducta de los demás. La primera describe la función de dejar saber a otros sobre nuestro ser, las ideas, emociones y percepciones.

La segunda se refiere a lo que se ha llamado su valor instrumental; esto es la habilidad de modificar el comportamiento de otros. El lenguaje tiene un sustrato biológico común en todos los seres humanos. Éste ha sido descrito por Noam Chomsky como la gramática hereditaria. Dentro de este concepto se entiende que todo ser humano tiene la capacidad de aprender cualquier de los idiomas que hablamos los seres humanos.

Para los puertorriqueños el idioma inglés tiene gran importancia. Esto por diferentes razones. La primera es el idioma de predilección en la metrópolis norteamericana. Si deseamos poder modificar el comportamiento de los norteamericanos hacia nosotros, tendremos que poder comunicarnos eficientemente en su idioma. Segundo y más importante, el idioma inglés es el idioma utilizado mayoritariamente para hacer negocios en la economía global presente.

En Resumen:

La dimensión número uno se refiere al grado de contacto con la realidad histórica y socioeconómica de Puerto Rico en el individuo.

La dimensión número dos se refiere al grado de madurez de la personalidad.

La dimensión número tres se refiere a la relación con figuras de autoridad. Describe el grado de sumisión y crítica ante la metrópolis. Se refiere al grado la dependencia del criterio externo y la ubicación del foco de control del comportamiento.

La dimensión número cuatro se refiere a la preferencia del individuo sobre su perspectiva filosófica ante la vida; idealista versus materialista.

La dimensión número cinco se refiere a la actitud y relación que asume el individuo hacia su trabajo.

La dimensión número seis se refiere a la importancia y prioridad que el individuo le da al proceso de planificación. Esta dimensión explora la orientación individual respecto al tiempo.

La dimensión número siete se refiere al grado de reconocimiento y respeto hacia la propiedad privada. Describe también la actitud del individuo hacia la acumulación de capital por otros.

La dimensión número ocho se refiere al estilo en la solución de problemas. Describe también el estilo de liderato ante el grupo social; autoritario versus democrático.

La dimensión número nueve se refiere a la perspectiva y visión del individuo hacia la comunidad mundial.

La dimensión número diez se refiere al uso y aprendizaje del idioma inglés. También describe la aceptación por parte del individuo sobre la naturaleza dinámica del lenguaje.

La personalidad colonizada se caracteriza por el individuo que:

1. Desea la continuación del *status-quo,* la continuación de la colonia territorial de los Estados Unidos de América.
2. Su personalidad es inmadura, dependiente, narcisista, y depende emocionalmente y económicamente de los demás. Su pensamiento es de tipo mágico y primitivo. Comparte la mentalidad agrícola del "arrimao".

3. Es sumiso ante la autoridad; no es crítico ante el poder de la metrópolis norteamericana. Es dependiente del criterio externo y el foco de control de su comportamiento es externo.

4. Su perspectiva filosófica de la vida es idealista; para él la mente y el cuerpo, y la cultura y la economía son entidades distintas e independientes entre sí.

5. No se da cuenta de que su cuerpo y su trabajo son las posesiones más preciadas en la cuales puede fundamentar su estima propia.

6. Vive el presente y no planifica su futuro.

7. No respeta la propiedad privada. Actúa con celos y envidia ante la acumulación de capital por otros.

8. Es autoritario y se enfrenta a los problemas y situaciones sociales creando conflictos. Es egocéntrico y el consenso colectivo le es irrelevante.

9. Su visión de mundo es limitada y estrecha. No ve más allá de su realidad inmediata.

10. El idioma es de tipo estático y no reconoce en su educación la necesidad de aprender el idioma inglés.

La personalidad no colonizada se caracteriza por el individuo que:

1. Desea cambiar el *status* territorial de Puerto Rico hacia los Estados Unidos. Reconoce la nacionalidad puertorriqueña.

2. Su personalidad es madura. Es emocionalmente y económicamente independiente. Es inter-dependiente de los demás. Sus mecanismos de defensa son superiores y funcionales.

3. Es crítico ante las figuras de autoridad. Tiene criterio propio pero es flexible y racional ante la metrópolis. El foco de control de su comportamiento es interno. Es independiente del contexto.

4. Su perspectiva filosófica de la vida es materialista; visualiza la mente y el cuerpo, y la cultura y la economía como manifestaciones distintas de la vida humana y las sociedades respectivamente.

5. Valoriza su cuerpo y su trabajo como sus posesiones más preciadas donde fundamenta su estima propia.

6. Vive su presente en consideración de su futuro. Planifica su vida de acuerdo a sus expectativas y recursos.

7. Respeta la propiedad privada y reacciona de manera competitiva ante la acumulación de capital.

8. Su estilo de liderato es democrático y promueve el consenso. Visualiza el consenso colectivo como el estilo de madurez nacional.

9. Su visión de mundo es global e internacional.

10. Usa y hace del idioma inglés parte esencial de su educación. El idioma es una entidad dinámica.

Escala de Evaluación Personalidad Colonizada

1	2	3	4	5
Negación de la realidad territorial de Puerto Rico	Mayor negación que aceptación de la realidad territorial	Ambivalencia ante la realidad territorial	Mayor aceptación de la realidad territorial	Aceptación de la realidad territorial

1	2	3	4	5
Dependecia emocional y económica	Comienzo a ser emocional y económicamente independiente	Ambivalencia ante la independencia emocional y económica	En vías de ser emocional y económicamente independiente.	Independiente emocional y económicamente

1	2	3	4	5
Dependecia y sumisión ante los Estados Unidos	Comienzo a ser critico de los Estados Unidos	Ambivalencia ante los Estados Unidos	Comienzo de criterio propio ante los Estados Unidos	Criterio propio ante los Estados Unidos

1	2	3	4	5
Ausencia de autosuficiencia económica	Acepta necesidad de autosuficiencia económica	Ambivalencia ante autosuficiencia económica	En vías de autosuficiencia económica	Autosuficiencia económicamente

1	2	3	4	5
El trabajo no es esencia de la estima propia	Comienza relación entre su trabajo y estima propia	Ambivalencia entre su trabajo y estima propia	Trabajo en vías de ser esencia de estima propia	Su trabajo es esencia de estima propia

1	2	3	4	5
No tiene plan de desarrollo económico	Roconoce necesidad de planificación económica	Ambivalente ante planificación económica	Comienza planificación económica	Activo en plan de desarrollo económico

1	2	3	4	5
Envidia y celos ante acumulación de capital	Reconoce necesidad de competitividad	Ambivalente ante acumulación de capital	Comienza a ser competitivo ante acumulación de capital	Competitivo en la acumulación de capital

1	2	3	4	5
Crea conflictos ante los problemas	Ve necesidad de consenso ante los problemas	Ambivalente en la solución de problemas	Busca consensos en ocasiones en la solución de problemas	Busca consensos primordialmente de problemas

1	2	3	4	5
Visión de mundo provincial	Visión de mundo insular	El mundo es Puerto Rico y Estados Unidos	El mundo es más que Puerto Rico y Estados Unidos	Visión de mundo internacional y global

1	2	3	4	5
Rechanzo al uso y aprendizaje del idioma inglés	Acepta necesidad del idioma inglés	Ambivalencia ante el idioma inglés	Comienza uso y aprendizaje del idioma inglés	Uso y aprendizaje del idioma inglés es esencial en su educación

CAPÍTULO CUATRO

Más Allá de la Personalidad del Colonizado

DURANTE EL TRANSCURSO de este escrito he deseado compartir con ustedes mis experiencias e ideas sobre la personalidad del puertorriqueño. Esta inquietud y cuestionamiento comenzó durante mis años en la Universidad de Puerto Rico. Aunque fui un estudiante de la Facultad de Ciencias Naturales, gran número de mis cursos electivos los tomé en la Facultad de Ciencias Sociales. Algunos de estos cursos, específicamente en el departamento de psicología, fueron entre los años del 1968 al 1969.

Fue en ese entonces, durante una clase con el doctor Carlos Albizu sobre psicología anormal, cuando discutimos asuntos de lo que constituía la personalidad normal. En este curso también discutimos las distintas teorías sobre la personalidad normal en el individuo. Un día en una de sus clases, él nos preguntó, ¿qué, a nuestro entender, caracterizaba la personalidad del puertorriqueño? Mi contestación a su pregunta en ese momento fue que esa tarea era imposible de lograr. Entendía que no existía una personalidad normal en el puertorriqueño; que, por lo contrario, existían muchos puertorriqueños con diferentes personalidades.

En este curso de psicología anormal aprendí que normal se refería a un concepto estadístico. Normal se refiere a la frecuencia en que ocurren ciertos eventos. Los eventos naturales normalmente se distribuyen entre una curva de probabilidades; las más frecuentes de esta curva describen los eventos normales.

La personalidad humana es también un evento natural que se puede representar en este tipo de distribución. En este escrito he intentado definir los rasgos de personalidad que son más frecuentes en el puertorriqueño. Es mi opinión que los rasgos de personalidad descritos aquí describen un número significativo de nuestra población y, a su vez, son rasgos únicos en nosotros.

Es mi opinión que la personalidad colonizada es una realidad en la población general en Puerto Rico. Estas tendencias a actuar como colonizados pudiera entorpecer el proceso de descolonización de Puerto Rico. Una conciencia clara de cómo nuestra personalidad contribuye a la persistencia de la personalidad colonizada nos pudiera ayudar a entender por que el *status* colonial persiste en Puerto Rico.

Durante mis años de práctica en la psiquiatría, la pregunta sobre la personalidad del puertorriqueño ha estado rondando en mi mente frecuentemente. Aunque todavía sostengo que no existe una personalidad única del puertorriqueño, sino que existen múltiples personalidades distintas, estoy convencido que la personalidad colonizada es frecuente y normal en los puertorriqueños.

Esta personalidad, basándome en mis experiencias, es muy frecuente en la población que he podido examinar durante estos años. Mi renuencia a caracterizar lo normal ha sido modificada con mis experiencias en el campo de la medicina. Mi entrenamiento médico me ha enseñado que existen rasgos y características que me han ayudado a diferenciar un estado de salud de un estado de enfermedad. Mi resistencia a clasificar las personas y, en cierto sentido encasillarlas en categorías específicas, se desvanece ante la utilidad que este sistema de clasificación me ha ofrecido en el tratamiento de mis pacientes. Son muchas veces que el poder clasificar correctamente los diferentes estados ha hecho una diferencia entre la vida y la muerte de la persona. El poder distinguir una simple mala digestión de un ataque de apendicitis ha podido llevar a mis pacientes a la sala de operaciones en lugar de a su tumba.

La clasificación científica tiene grandes limitaciones pero también grandes ventajas. Es cierto que no existe un ser humano sino muchos seres humanos distintos. Sin embargo la clasificación del ser humano nos permite distinguirlo de un caballo y de un avestruz.

Cuando clasificamos cualquier evento nos apartamos de la realidad para así facilitar su estudio y distinción de otros eventos. Lo que hace el método científico es determinar las frecuencias específicas que se dan los eventos en comparación con la curva de distribución normal. Por ejemplo, ¿cuántas extremidades tiene una araña versus un caballo o un ser humano? Las frecuencias relativas de cada rasgo sirven para distinguir grupos con semejantes frecuencias de grupos con frecuencias distintas. Claro que la personalidad colonizada no tiene existencia propia. Entonces, ¿por qué escribir de algo que no existe?

Siento que tengo muchas razones para hacerlo. Primero, que todo el estudio científico del ser humano me ha permitido ayudar a miles de pacientes durante mi práctica médica. Estos esfuerzos me han ayudado a entenderme mejor cómo ser humano. También me han ayudado a entender que ser puertorriqueño es algo único. Ser puertorriqueño no es lo mismo que ser español o norteamericano. Aunque todos somos parte de la raza humana, somos distintos. Las circunstancias socioeconómicas e históricas son distintas. El ser distintos no nos hace mejor o peor, tampoco inferior o superior.

La variabilidad en la naturaleza es la esencia de la sobrevivencia. Es importante entender en que consiste esa variabilidad en nosotros los puertorriqueños. El conocimiento de esta variación nos permite hacer un inventario preciso de lo que contamos para sobrevivir. Este inventario de personalidad pudiera habilitarnos para adaptarnos mejor a nuestras circunstancias presentes.

Quinientos trece años de colonización son una realidad histórica para Puerto Rico. Estas experiencias acumuladas a través del tiempo han condicionado nuestro comportamiento. El coloniaje ha tenido efectos y consecuencias directas en nuestras personalidades. El estudio científico de estos efectos es necesario y es la responsabilidad de todos los profesionales del comportamiento humano.

Nuestra personalidad como puertorriqueños ha sufrido severos daños que son necesarios precisar y tratar de corregir. Aceptar la patología que este proceso ha causado en nuestras personalidades es el primer paso hacia la salud mental. Este camino se facilita cuando cada cual puede precisar lo que es necesario cambiar y hacia dónde dirigirlo. Esa ha sido mi intención al escribir este libro y diseñar la escala de evaluación de la personalidad colonizada. Por treinta y tres años he sido psiquiatra y no puedo dejar de serlo. Es mi profesión y me siento muy orgulloso de practicarla.

Puerto Rico tiene un problema serio de salud mental y, para mí, ese problema es la presencia de la personalidad colonizada en nosotros. El camino hacia la salud mental del puertorriqueño va desde la personalidad colonizada hacia la personalidad no colonizada. La personalidad no colonizada es un individuo que acepta la realidad colonial y territorial de Puerto Rico. El ser no colonizado desea no ser un territorio de los Estados Unidos. El no colonizado visualiza la estadidad, la independencia, y el estado libre asociado no territorial como alternativas no coloniales. Ser un estado de los Estados Unidos nos permite más influencia y control de nuestros asuntos en el Congreso de los Estados Unidos y acceso directo para elegir el presidente de los Estados Unidos.

Cada estado también tiene cierta autonomía del gobierno central federal. El camino a la independencia nos ofrece control total y responsabilidad por nuestro futuro como nación. Un estado libre asociado no territorial nos saca fuera del control absoluto del Congreso de los Estados Unidos y nos permite pactar por mutuo acuerdo nuestra relación.

La personalidad colonizada comparte la mentalidad agrícola del arrimao que vive y cultiva la tierra del lugarteniente. Tenemos constitución y control de asuntos internos en Puerto Rico sin embargo somos territorio de los Estados Unidos y no somos dueños de Puerto Rico. La personalidad no colonizada busca cambiar esta relación de arrimao por una parte dueño (socio) o dueño absoluto. El concepto de la propiedad privada está meridianamente claro en la personalidad no colonizada. Quien no conoce su historia está condenado a repetir los errores del pasado.

La personalidad colonizada es emocionalmente dependiente e insegura de sí. El no colonizado es emocionalmente independiente y confía en su ser. Inmadurez y dependencia hacia otros caracteriza el colonizado. Inicialmente es dependiente de sus padres y familia; luego transfiere su dependencia a otros. Como hemos discutido anteriormente, esta transferencia en muchos se da hacia el partido político. La dependencia es primordialmente transferida a la metrópolis en la mentalidad colonial.

El ser dependiente necesita de un poder externo para lograr el control de su comportamiento. En esta mentalidad existe una gran necesidad de controles externos que guíen su vida. La inmadurez de su personalidad no le permite confiar en sí y sus instintos. La dependencia lo hace dudar de su valor personal. Busca que otros asuman las responsabilidades que sus actos acarrean. El camino de la vida les asusta; le teme a la soledad. Establece relaciones con otros en base de sus necesidades, no en el deseo genuino de compartir responsabilidades.

El camino del desarrollo psicológico normal hacia la independencia emocional en el puertorriqueño ha sido afectado por la situación colonial. El desarrollo normal de la personalidad se da el contexto de un ambiente que recompensa la actividad independiente. Las circunstancias de una colonia son tales que hacen lo contrario; refuerzan la dependencia.

La independencia emocional es el estado maduro de la personalidad del individuo. Somos puertorriqueños sólo para nosotros, el Comité Olímpico Internacional y el comité del concurso Miss Universo. Ante los Estados Unidos y el resto de la comunidad internacional no tenemos identidad propia independiente. No contamos con embajadores en los Estados Unidos ni en ningún otro país de la comunidad internacional. La madurez de la puertorriqueñidad no ha sido alcanzada ni aceptada por otros países. La nacionalidad puertorriqueña se encuentra en etapas inmaduras. La personalidad preponderante en los puertorriqueños es de tipo colonizada. La dependencia del colonizado hace de nuestra nacionalidad una de tipo inmaduro.

La personalidad colonizada es egocéntrica y narcisista. Para ésta, la nacionalidad no es un acto colectivo. No reconoce el proceso colectivo como el estado maduro del ser. Esta personalidad es unilateral en sus relaciones y establece relaciones con los demás sin respetar las diferencias. Un acto de deseo individual cambia la realidad para el colonizado. Su pensamiento es de tipo mágico y grandioso.

El proceso de convencimiento colectivo se sustituye por el deseo personal. A este no le importa el proceso de maduración colectiva. Este tipo de personalidad no busca consenso. La esencia de la democracia es el pensamiento mayoritario; es sustituido en el colonizado por la constante necesidad de reconocimiento. Constantemente busca reconocimiento y necesidad de la aprobación o rechazo externo para sentirse que existe.

Crea conflictos sólo para reafirmar de que existe y vale. Su valor no proviene de su interior y sus méritos. El consenso y el proceso colectivo no los reconoce como el camino ligado a la madurez. Si los otros no aceptan su posición, le es irrelevante. El colonizado se siente que tiene la verdad agarrado por el mango. No acepta ser sujeto de crítica. Las críticas le molestan; sus posiciones son incuestionables. La razón y el diálogo sólo son posibles con aquellos que lo aceptan ciegamente.

El colonizado no ve más allá de su ser. No existe en esa mentalidad la necesidad de consenso. Como el bebé, se cree que mientras más grite, va a conseguir lo que quiere. La mentalidad colonizada delega en el Congreso de los Estados Unidos la toma de decisiones. Por ciento ocho años hemos sido territorio de los Estados Unidos y, en ningún momento durante este tiempo hemos dicho no a esta situación como *consenso nacional.*

El proceso de descolonización solo se logrará mediante el desarrollo de personalidades maduras. En la personalidad madura se reconoce la necesidad de consenso. Se reconoce la necesidad de diálogo y se acepta la crítica. La crítica facilita el camino hacia el mejoramiento y la superación personal. Esta personalidad acepta el desarrollo de consenso como indispensable para que se dé cambio. Y es camino a la madurez de la personalidad. El consenso de la necesidad de cambio es lo que llevará a la puertorriqueñidad hacia etapas maduras. El bien colectivo supera la necesidad individual.

La puertorriqueñidad puede existir en nuestras mentes pero su presencia no será reconocida por los Estados Unidos ni ningún otro país hasta que se exprese en *consenso.* La sumisión y la dependencia hacia los Estados Unidos no tienen lugar en una personalidad madura no colonizada. Los Estados Unidos nos hicieron territorio a la fuerza. Unilateralmente nos dieron la ciudadanía americana y unilateralmente nos la pueden quitar. En el ser no colonizado no existe el criterio propio, voluntad propia, y capacidad de cuestionamiento a la metrópolis.

Cierto es que nosotros los puertorriqueños somos ciudadanos americanos. Cierto es que el Tribunal Supremo americano ha reconocido el poder de los puertorriqueños en decidir asuntos jurídicos internos, como ejemplo, el caso de los "pivasos" (votos que le dieron la victoria al presente gobernador de Puerto Rico en las pasadas elecciones). Estos votos fueron cuestionados por los diferentes partidos políticos, cada uno con sus interpretaciones distintas. La adjudicación de estos votos se dio en los tribunales locales a pesar de que el asunto se llevó al Tribunal Federal. Pero lo que no es cierto es que nosotros los puertorriqueños somos dueños de Puerto Rico.

Sólo el Congreso de los Estados Unidos tiene la potestad de cambiar esta situación. El ser colonizado cree todo lo que sus líderes le dicen. No tiene criterio propio y es subordinado. Es una mentalidad sumisa; sumisa a los Estados Unidos y sumisa al partido. Depende de la voluntad de otros. Si el líder del partido dice que somos un estado libre, se lo cree. Si le dicen que la ciudadanía americana es permanente, también lo cree sin cuestionar. No cree que los Estados Unidos tengan la potestad de unilateralmente quitarnos la ciudadanía americana. Si el líder del partido dice que la estadidad está a la vuelta de la esquina, lo cree. Basta que el líder del partido diga que somos capaces de ser independiente, también lo cree sin cuestionar. ¿Cómo?

Lo que no tiene el colonizado es pensamiento crítico. La sumisión y la dependencia sustituyen el análisis y pensamiento crítico. El colonizado critica por criticar. En esa mentalidad el pensamiento crítico no tiene como propósito la búsqueda de la verdad. No estimula a aclarar los hechos. Los hechos en la mente colonizada se aceptan como actos de fe y no actos de razón. La razón y el pensamiento crítico se toman de manera negativa. La sumisión sustituye la razón.

La mentalidad colonizada teme criticar a los Estados Unidos. En esta mentalidad, criticar a los norteamericanos no se da por temor a perder los beneficios económicos que recibimos de ellos. Mientras el dinero siga fluyendo al colonizado; no le importa que el título de propiedad de Puerto Rico lo tengan los norteamericanos. El agricultor no criticaba el lugarteniente que vivía y se nutría de la finca del señor. Esta personalidad es insegura y lucha por cosas que no entiende. Lucha sin saber por lo que lucha.

Los Estados Unidos han mantenido y sostenido la situación territorial por su naturaleza imperialista. La nación norteamericana es una sociedad militarista que ejerce su control fundamentada en su poder militar y económico. ¿A quién le amarga un dulce? ¿Por qué los norteamericanos quisieran dejar de ser dueños de Puerto Rico? El asunto no se discute en los Estados Unidos porque la discusión obligaría a la negociación. El temor en el puertorriqueño es conocer exactamente lo que se este negociando. La personalidad no colonizada debe de asumir la responsabilidad de ser crítico con sus líderes.

Es responsabilidad del ciudadano norteamericano ser crítico con sus políticos cuando se sienten a negociar sobre los asuntos de Puerto Rico. Los Estados Unidos ni ningún norteamericano se deben sentir orgullosos de ser dueño de la colonia más antigua del mundo. Si los norteamericanos desean ser o no ser dueños de Puerto Rico, deberán hacérselo claro a sus políticos.

Nosotros los puertorriqueños debemos ser críticos en lo que respecta a nuestros líderes políticos. Debemos tener claro los puntos a negociar. Autonomía con unión permanente es soñar con pajaritos preñados. Una nación puede negociar con otra los términos de su relación y, como todo contrato, son términos sujeto a cambio. ¿Dónde está la libertad de este estado asociado si continuamos siendo un territorio no incorporado de los Estados Unidos sin identidad propia a nivel internacional?

¿Qué idioma será el oficial en las transacciones gubernamentales en Puerto Rico durante la estadidad? ¿Qué ocurrirá con nuestra representación deportiva en los Juegos Olímpicos en la estadidad? ¿Cuánto será el costo adicional para el puertorriqueño hacia la tributación federal en la estadidad?

La ciudadanía permanente con los Estados Unidos es sólo posible siendo un estado. Entonces, será un derecho constitucional y no un derecho por decreto del Congreso de los Estados Unidos.

¿En qué se fundamentará la economía de Puerto Rico bajo la independencia? ¿Será esta independencia una renuncia a todos los beneficios acumulados a través de estos ciento ocho años de coloniaje con los Estados Unidos?

Es necesario que la personalidad colonizada abandone la sumisión y la sustituya con el pensamiento crítico. Muchas mentes piensan mejor que una. Es necesario que los líderes políticos dejen de actuar como caudillos y acepten la crítica como proceso constructivo. En este proceso crítico y evaluativo podremos definir nuestras necesidades y la relación con la metrópolis.

Los Estados Unidos, el gobierno de Puerto Rico, y los líderes políticos tienen la responsabilidad de incorporar el pueblo de Puerto Rico en un diálogo crítico que nos permita definir mejor nuestras realidades, nuestras necesidades, y la metodología necesaria para mejorarlas.

Nosotros los puertorriqueños no podemos permitir que la historia se repita y se nos imponga un tipo de relación que no sea conducente al crecimiento y desarrollo de nuestra nacionalidad y economía. Debemos comenzar por definir lo que queremos y cómo lo vamos a lograr. Para entonces, podemos negociar de una manera inteligente.

El pueblo de Puerto Rico no se puede dar el lujo de delegar esta histórica responsabilidad a sus líderes políticos. Durante estos ciento ocho años no lo han logrado y el historial reciente de la pasada crisis económica hace patente que ni siquiera en asuntos internos son competentes.

La actitud tradicional de estas administraciones gubernamentales ha sido la de gastar más de lo que se tiene en su haber. El déficit estructural en la administración gubernamental es producto de la mentalidad colonizada. El ser colonizado no aprecia su autosuficiencia económica. Este ser opta por depender en el crédito y se embrolla hasta el cuello sin pensar en las futuras generaciones o nuestra supervivencia como nación. El déficit estructural del gobierno es una manifestación de la personalidad colonizada en nuestros políticos. Las administraciones populares, como nuevo progresistas, se han caracterizado por contribuir a esta situación. Sólo el Partido Independentista puertorriqueño no ha tenido la oportunidad de administrar el tesoro en Puerto Rico. Cabe preguntarse ¿cuál sería su actitud ante el déficit estructural presente en Puerto Rico?

La autosuficiencia económica es posible fuera del contexto de la personalidad colonizada. El colonizado, con su dependencia a la metrópolis y sus fantasías de rescate, no aprecia esta cualidad. Tener un presupuesto balanceado y gastos basados en los recursos disponibles son indicadores de una personalidad madura. El gasto exagerado fuera del alcance propio crea una situación de malestar y angustia que es prevenible. Si no existiera la necesidad de perpetuarse electoreramente los partidos políticos abandonarían la política de aumentar la nomina gubernamental.

El dinero pudiera utilizarse en inversiones que generen una economía más dinámica y creciente. La meta común debería ser el desarrollo de una economía creciente y robusta. La inversión económica debe estar ligada a la producción de trabajo. Es necesario adiestrar y estimular el desarrollo del pequeño comerciante en Puerto Rico. El desarrollo y expansión de pequeños negocios puede ser la fuerza que genere empleos y aumente la producción económica nacional.

En la mentalidad colonizada, el gobierno actúa con celos y envidia del empresario privado. Con esta mentalidad se convierten en rivales. La reglamentación excesiva caracteriza la actitud del gobierno colonizado hacia la empresa privada. En la realidad de la colonia el político local no controla el comercio. El comercio es controlado por la metrópolis. La reglamentación interna excesiva es un mecanismo compensatorio por falta de este poder real de reglamentar el libre comercio.

Pagamos aranceles por lo que importamos y exportamos entre Puerto Rico y los Estados Unidos porque los norteamericanos son los dueños del territorio.

La autosuficiencia económica se debe fundamental en la habilidad de poder controlar y tener un comercio libre que nos permita mediante la competencia el abaratamiento de los precios.

El éxito de compañías como, por ejemplo, Wal-Mart, se ha fundamentado en la habilidad de poder vender a precios más bajos. Esto lo han logrado en gran parte por su habilidad de comprar productos donde los gastos de producción son menores. El fenómeno de la globalización ha permitido a muchas compañías a sobrevivir y tener éxito económico. Tanto en la estadidad, la independencia como el estado libre asociado no territorial las oportunidades de comercio libre son mayores.

"Barriga llena, corazón contento." Así piensa el colonizado. El presente determina sus actos. La falta de planificación lo hace esclavo del presente. La economía de Puerto Rico no tiene carácter propio; tampoco tiene plan de desarrollo. La exagerada ingerencia gubernamental hacia el sector privado tiende a la marginación. La ausencia de planificación económica no permite ver el sector privado como uno indispensable para el desarrollo y crecimiento de la economía. Para poder planificar deberemos tener el control de nuestra economía.

También debemos tener un sentido de dirección que nos conduzca al alcance de las libertades necesarias. El crecimiento y el desarrollo económico se deberán fundamentar en la libre competencia y el principio del mérito. Debemos empezar por ser dueños del negocio para poder desarrollarlo.

Una vez eres dueño del negocio tu trabajo adquiere una nueva dimensión. El sentir que lo tuyo te pertenece te hace trabajar con amor y dedicación. Lo haces porque sabes que lo haces por ti y para ti. Cuando el fruto de tu trabajo pasa a manos ajenas se pierde el amor al trabajo. Se trabaja por trabajar, no porque es un placer producir. La personalidad colonizada le ha perdido el amor al trabajo. En Puerto Rico se han promovido las grandes corporaciones americanas con grandes incentivos de exenciones contributivas estatales y federales. Como consecuencia de estas exenciones federales, muchas de las corporaciones norteamericanas abandonaron sus estados de origen para reubicarse en Puerto Rico. Distintos grupos de estudio privados y gubernamentales han descrito esta situación como una de mantengo corporativo. Las ganancias exorbitantes de estas corporaciones, el abandono de los estados de origen, y el poco beneficio de inversión en la economía puertorriqueña han causado la desaparición de los estatutos que las promovieron. Este es un buen ejemplo de pobre planificación económica por el gobierno de Puerto Rico, al igual del gobierno de los Estados Unidos.

En Puerto Rico el principal recurso con que contamos es el recurso humano. La planificación inteligente de este recurso debe ser nuestra prioridad. Tenemos que invertir económicamente en este recurso para poder desarrollarlo hacia una economía autosuficiente.

Es necesario desarrollar la actitud empresarial en los puertorriqueños y proveer los incentivos necesarios para el desarrollo del mayor número posible de pequeños negocios. Estos se pudieran convertir en la médula de nuestra economía. Debemos pensar primordialmente en tomar el control de nuestras vidas y la economía.

La educación es el vehículo mediante el cual podremos desarrollar nuestros recursos humanos. Esta educación deberá tener un sentido práctico y relevante a la situación de solución de problemas de vida. Deberá estar dirigida a habilitar al individuo en la solución de problemas. Las destrezas de lectura, escritura, y poder hacer operaciones matemáticas de manera competente habilitarán a los individuos para poder conseguir mejores trabajos en este nuevo mundo tecnológico.

La educación debe ser dirigida hacia la finalidad de contribuir a la economía del país. Estudiar por estudiar no tiene sentido. Es en la solución de problemas que se aprecia el valor de la educación. La educación dirigida al desarrollo de estas tres destrezas básicas la lectura, la escritura, y el poder hacer operaciones matemáticas de manera competente hacen sentido.

Todo padre debe exigirle a los maestros de sus hijos que le enseñen a leer, escribir, y hacer operaciones matemáticas de manera competente. Con estas destrezas básicas tus hijos tendrán una mejor oportunidad de incorporarse en el mundo económico presente. El Secretario de Educación en Puerto Rico tiene la responsabilidad de hacer públicas cuáles escuelas y qué maestros cumplen con ser competentes en la enseñanza de estas tres destrezas básicas. Si esto no se hace de manera periódica, la única manera de lograr que se dé, será mediante la fuerza de la opinión pública.

En esta economía global miles de trabajos han sido exportados desde los Estados Unidos hacia otros países donde la gente sabe leer, escribir y hacer operaciones matemáticas de manera competente y a más bajo costo que en los Estados Unidos. Hoy en día la competencia de las economías nacionales está en el ámbito internacional. Sin las destrezas básicas, nosotros los puertorriqueños no podremos competir en este ámbito. El ser colonizado no entiende que su trabajo y educación son la fuente principal donde fundamentar su estima propia. Debemos actuar con mayor responsabilidad hacia el trabajo y la educación para así poder descolonizarnos mentalmente.

Con las libertades necesarias, las habilidades y destrezas fundamentales podremos ampliar nuestra visión de mundo y dirigirnos a la autosuficiencia económica nacional.

El lenguaje es de carácter dinámico y esto es algo que bien conocemos nosotros los puertorriqueños; pues casi todos reconocemos la existencia del *"Spanglish"*. Este es producto del carácter dinámico e interactivo de los idiomas. Cada día los idiomas y las lenguas se modifican en interacción con otras. Este fenómeno hace posible que personas con idiomas distintos puedan entenderse entre sí.

Con identidad propia, seguridad en nosotros, deseos de lograr autosuficiencia económica, y buena planificación de nuestros recursos, las posibilidades para el desarrollo de la nacionalidad puertorriqueña son infinitas.

En esta economía global, el tener un aliado comercial en los Estados Unidos hace la necesidad del uso y aprendizaje del idioma inglés parte esencial de nuestra educación.

CAPÍTULO CINCO

Predicciones

COMO HEMOS ANTES mencionado en este escrito la gran utilidad de usar el método científico es la habilidad de formular hipótesis para predecir el futuro de los eventos. La existencia de la personalidad colonizada en los puertorriqueños es un concepto que necesita ser validado y confirmado por otros observadores del comportamiento. Esto será un largo proceso el cual requiere esfuerzo de muchos estudiosos del comportamiento humano. Múltiples observaciones por distintos observadores y en múltiples ocasiones serían necesarias para validar este concepto.

Sin embargo yo estaré haciendo mis predicciones del comportamiento futuro del puertorriqueño asumiendo que la existencia de *la Personalidad Colonizada* es una realidad. También estaré asumiendo que esta personalidad es prevaleciente en un grupo significativo de la población. Sobre estas asunciones es que daré base a mis predicciones.

Predicción # 1

Los puertorriqueños continuarán perpetuando el *status territorial* de Puerto Rico.

Predicción # 2

No se dará un *consenso* en la población de Puerto Rico para exigir a los Estados Unidos cambio del *status* territorial de Puerto Rico.

Predicción # 3

La intervención del Congreso de los Estados Unidos de América será necesaria para encaminar a los puertorriqueños a la auto-determinación política.

Predicción # 4

La personalidad colonizada rechazará la *independencia* como alternativa de solución al *status* territorial de Puerto Rico.

Predicción # 5

La personalidad colonizada favorecerá la *estadidad* como solución al *status* de Puerto Rico.

Predicción # 6

La personalidad colonizada será el principal obstáculo para convertir a Puerto Rico en el estado número 51 de la nación norteamericana.

Predicción # 7

Para el gobierno de los Estados Unidos el asunto del *status* de Puerto Rico se convertirá en uno de derechos civiles.

Predicción # 8

Será el partido demócrata norteamericano quien asumirá el liderato en la solución del *status* político de Puerto Rico.

Predicción # 9

El proceso de descolonización de Puerto Rico no nos llevará a una guerra civil.

Predicción # 10

La nacionalidad puertorriqueña alcanzará etapas más maduras en este proceso.

Referencia:

La idea original sobre Puerto Rico, la colonia más antigua del mundo, la obtuve de leer el libro: *Puerto Rico, Las Penas de la Colonia más Antigua del Mundo* por José Trías Monge; Editorial de la Universidad de Puerto Rico.